U0272000

家兔饲料生产学

◎ 张元庆　曹　亮　任克良　主编

中国农业科学技术出版社

图书在版编目（CIP）数据

家兔饲料生产学/张元庆，曹亮，任克良主编. --北京：中国农业科学技术出版社，2022.12

ISBN 978-7-5116-6114-2

Ⅰ.①家… Ⅱ.①张… ②曹… ③任… Ⅲ.①兔—饲料生产 Ⅳ.①S829.15

中国版本图书馆CIP数据核字（2022）第247103号

责任编辑 张国锋
责任校对 贾若妍
责任印制 姜义伟 王思文

出 版 者 中国农业科学技术出版社
　　　　　　北京市中关村南大街 12 号　　邮编：100081
电　　话 （010）82106626（编辑室）（010）82109702（发行部）
　　　　　　（010）82109709（读者服务部）
网　　址 https://castp.caas.cn
经 销 者 各地新华书店
印 刷 者 北京富泰印刷有限责任公司
开　　本 148 mm×210 mm　1/32
印　　张 7.5
字　　数 200 千字
版　　次 2022 年 12 月第 1 版　2022 年 12 月第 1 次印刷
定　　价 36.00 元

编写人员名单

主　　编	张元庆　曹　亮　任克良
参编人员	张元庆　曹　亮　任克良
	詹海杰　党文庆　王国艳
	上官明军　赵瑞生　李　俊
	梁茂文　王　芳　宸锁成

内容提要

　　本书是由山西农业大学（山西省农业科学院）动物科学学院研究员张元庆、副研究员曹亮和国家兔产业技术体系岗位科学家任克良研究员等主持编写。内容包括家兔消化特性、营养需要、常用饲料原料、绿色饲料添加剂、饲养标准、预混料和饲料配方设计、家兔饲料加工与质量控制和家兔饲料配方等。本书内容翔实、理论与实践相结合，技术先进，可供广大养兔生产者、饲料加工企业、农业院校相关师生阅读参考。

前　言

　　中国是世界养兔大国，年出栏量、贸易量位居世界首位。据统计，2018 年我国家兔年存栏量达 1.203 4 亿只（占世界 37.0%），年出栏量 3.167 1 亿只（约占世界 32.0%），兔业生产已成为我国广大农民发展经济、脱贫致富的重要产业。家兔生产过程中，饲料占饲养成本 60% ～ 70%，饲料成本与经济效益密切相关，同时饲料营养水平、质量与家兔疾病（尤其是消化道疾病）密切相关。为此，根据家兔营养需要，设计科学实用的饲料配方，选择适宜的饲料原料，加工出质优价廉的全价配合颗粒饲料对养兔生产者和饲料企业十分重要。

　　近年来，家兔各种相关理论研究逐步深入、技术发展迅速，研发出了一大批科研成果和实用技术。其中家兔营养研究、饲料资源开发等取得了重大进展。如我国先后制定并发布了肉用兔、皮用兔（獭兔）和毛兔等行业或团体标准。家兔常规饲料、非常规饲料资源开发评价取得系列成果。这些成果、数据为指导家兔饲料生产奠定了可靠的理论基础。

　　为了提高养兔者、饲料企业生产兔用饲料生产水平，我们组织人员编写了《家兔饲料生产学》一书。

　　本书对家兔消化特性、营养需要、家兔常用原料营养特性、饲养标准以及预混料、饲料配方设计、饲料加工和质量控制等各个环节进行了详细阐述。同时介绍了国内外饲料配方。

　　根据农业农村部发布的第 194 号、第 307 号文件规定，我国从 2020 年 7 月 1 日起严禁在饲料中添加促生长抗生素添加剂（中草药除外），畜禽养殖全面进入禁抗时代，为此，本书对绿色饲料添加剂进行了较为详细的介绍。

本书内容详细介绍了作者团队多年来在家兔营养、饲料资源开发等方面的一些成果，同时还参考、借鉴了国内外兔业同行研究成果、饲料生产企业的生产实践经验等，在此一并表示感谢。

本书的出版得到国家兔产业技术体系饲料资源开发岗位（CARS-43-B-3）、公益性行业（农业）科研专项"华北主要农作物秸秆饲用价值评定及饲用化利用技术研究与示范"（201503314）和山西农业大学"家兔非常规饲料评价与应用推广"（2020xshf13）等项目的资助。本书由中国农业大学教授、国家兔产业技术体系秦应和首席科学家、山东农业大学李福昌教授和河北农业大学陈宝江教授审阅，在此表示感谢！

尽管作者为本书的编写做了不小的努力，但因时间仓促和水平有限，其中肯定存在不少缺点和疏漏，恳请广大读者提出批评意见，以便再版时进行更正，使本书日臻完善。

编者

2022 年 9 月于太原

目　录

第一章
家兔消化特性与营养需要

　　家兔属单胃草食动物，与其他畜禽相比，家兔的消化特性与营养需要差异较大，了解这些特点和营养需要，对设计饲料配方、选择饲料种类、合理饲养管理具有重要意义。

第一节　家兔的消化特性

一、家兔的消化特点

（一）消化器官的解剖特点

　　家兔的消化器官包括口腔、咽、食管、胃、小肠（包括十二指肠、空肠和回肠）、大肠（包括盲肠、结肠和直肠）和肛门等（图1-1），与其他动物相比，具有以下特点。

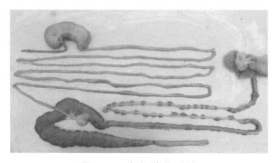

图1-1　家兔消化系统

1

1. 特异的口腔构造

兔的上唇从中线裂开，形成豁嘴，上门齿露出，以便摄取接近地面的植物或啃咬树皮等。家兔没有犬齿，臼齿发达，齿面较宽，并具有横嵴，便于磨碎植物饲料。

2. 发达的胃肠

家兔的消化道较长，容积也大。胃的容积较大，约占消化道总容积的1/3。小肠和大肠的总长度为体长的10倍左右。盲肠特别发达，长度接近体长，容积约占消化道总容积的42%（图1-2）。结肠和盲肠中有大量的微生物繁殖，具有反刍动物第一胃的作用，因此，家兔能有效利用大量的饲草。

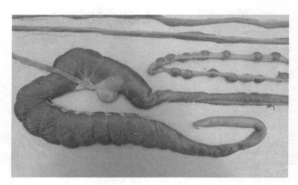

图1-2　盲肠

3. 特异的淋巴球囊

在家兔的回肠和盲肠相接处，有一个膨大、中空、壁厚的圆形球囊，称为淋巴球囊或圆小囊，为家兔所特有（图1-3）。其生理作用有三，即机械作用、吸收作用和分泌作用。回肠内的食糜进入淋巴球囊时，球囊借助发达的肌肉压榨，消化后的最终产物大量地被球囊壁的分枝绒毛所吸收。同时，球囊还不断分泌出碱性液体，中和由于微生物生命活动而产生的有机酸，从而保证了盲肠内有利于微生物繁殖的环境，有助于对饲草中粗纤维的消化。

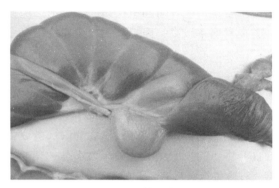

图 1-3　淋巴球囊

（二）能够有效利用低质高纤维饲料

　　家兔依靠结肠和盲肠中微生物并与淋巴球囊协同作用，能很好地利用饲料中的粗纤维。但很多研究表明，家兔对饲料中粗纤维的利用能力是有限的，如对苜蓿干草中粗纤维消化率，马为34.7％，家兔仅为16.2％。但这不能看成是家兔利用粗饲料的一个弱点，因为粗纤维饲料具有快速通过家兔消化道的特点，在这一过程中，其中大部分非纤维成分被迅速消化、吸收，排除难以消化的纤维部分。

（三）能充分利用粗饲料中的蛋白质

　　与猪等单胃动物相比，家兔更能有效利用粗饲料中的蛋白质。以苜蓿蛋白质的消化率为例，猪低于50％，而家兔则为75％，大体与马相似。然而家兔对低质量的饲草，如玉米等农作物秸秆所含蛋白质的利用能力却高于马。

　　由于有以上特点，所以家兔能够采食大量的粗饲料，并能保持一定的生产水平。

（四）饲料中粗纤维对家兔必不可少

　　饲料中粗纤维对维持家兔正常消化机能有重要作用。研究证

实，粗纤维（木质素）能预防肠道疾病。如果给家兔饲喂高能低纤维饲料，肠炎发病率较高；而提高饲料中粗纤维含量后，肠炎发病率下降。

（五）食粪性

所谓食粪性，是指家兔具有嗜食自己部分粪便的本能特性。在食粪时具有咀嚼的动作，因此有人称之为假反刍或食粪癖。与其他动物的食粪癖不同，家兔的这种行为不是病理的，而是正常的生理现象，对家兔本身具有重要的生理意义。

家兔通常排出两种粪便，一种是平时看到的硬类球，约占总粪量的80%；另一种是由一些团状的小颗粒组成的软粪，约占总粪量的20%。软粪一经排出便被兔自己从肛门处吃掉了，所以通常在兔舍内不易看到。兔排硬粪既无规律，又无特殊的排粪姿势。

1. 食粪的行为习性

兔的食粪行为均发生在静坐休息期间。在食粪行为出现之前，都有站起、舐毛和转圈等行为。食粪时呈犬坐姿势，背脊弯曲，两后肢向外侧张开，肛门朝向前方，两前肢移向一侧，头从另一侧伸向肛门处采食粪便，然后又恢复到原来的犬坐姿势，经10～60秒的咀嚼动作后将软粪球囫囵吞咽入胃（图1-4）。

2. 食粪的规律性

兔食粪的规律性与喂食时间密切相关，一昼夜出现3次食粪高峰。白天有2次，时间为上午11点和下午5点。晚上的食粪高峰在夜间2点，这是最明显的一次食粪高峰，主要是吃软粪，并且不经嚼碎囫囵吞咽入胃内。一般

图1-4　食粪行为

夜间食粪量多于白天。当兔正在食粪时，突然受惊，会立即停止食粪，因此，必须保持兔舍安静。

3. 仔兔食粪时间的出现

哺乳仔兔在未开始采食之前均不食粪，开始采食后的 4～6 天开始食粪，说明兔食粪行为的发生与盲肠的发育以及盲肠内微生物的活动有关。

4. 硬粪与软粪的组成

家兔软粪与硬粪成分比较见表1-1。

表1-1　家兔软粪与硬粪成分比较

成分	软粪	硬粪	成分	软粪	硬粪
干物质（g）	6.9	9.8	其他碳水化合物（%）	11.3	4.9
粗蛋白质（%）	37.4	18.7	微生物（百万个/g）	9 560	2 700
粗脂肪（%）	3.5	4.3	烟酸（μg/g）	139.1	39.7
粗灰分（%）	13.1	13.2	核黄素（μg/g）	30.2	9.4
粗纤维（%）	27.2	46.6	泛酸（μg/g）	51.6	8.4
钙（%）	1.22	2.0	维生素 B_{12}（μg/g）	2.9	0.9
磷（%）	2.42	1.53	钾（%）	1.0	0.38
硫（%）	1.57	1.06	钠（%）	1.83	0.42

5. 食粪的生理意义

（1）通过食粪，家兔可从中获得生物学价值较高的菌体蛋白质，同时还可获得由肠道微生物合成的B族维生素和维生素K。这些营养物质很快被胃和小肠消化吸收和利用，因此，饲料中可以少量或不供给B族维生素和维生素K。正常饲养管理条件下，家兔一般不会发生B族维生素和维生素K缺乏症，只有在高度集约化生产条件下才添加。

（2）可以补充一部分矿物质，如磷、钾、钠等。

（3）通过食粪使饲料中部分营养物质至少两次通过消化道，提高了饲料利用率（表1-2）。

5

表1-2　食粪与限制食粪对饲料中消化率的影响　　（%）

项目	营养物质	粗蛋白质	粗纤维	粗脂肪	无氮浸出物	粗灰分
正常食粪	64.6	66.7	15.0	73.9	73.3	57.6
限制食粪	59.0	50.3	6.9	71.7	70.6	46.1

从表1-2可知，兔不能正常食粪时，饲料中营养物质的消化率降低。限制食粪，还可导致消化道微生物区系的减少，导致幼兔生长发育受阻，成年兔消瘦或死亡，妊娠母兔胎儿发育受阻，产仔数减少。为此，保持兔舍环境安静，对维持家兔的正常食粪十分重要。

（六）能忍耐饲料中的高钙

与其他动物相比，兔的钙代谢具有以下特点。

（1）钙的净吸收特别高，而且不受体内钙代谢需要的调节。

（2）血钙水平也不受体内钙平衡的调节，直接和饲料钙水平成正比。

（3）血钙随饲粮中钙增加而升高，肾脏对血钙的清除率很高。

（4）过量钙的排出途径主要是尿，其他动物主要通过消化道排泄。

我们经常看到兔笼内有白色粉末状物，就是由尿排出的钙盐。由于以上特点，即使饲料中含钙达到4.5%，钙、磷比例达12∶1时，也不影响家兔的生长发育，骨质也正常。但最近研究表明，泌乳母兔采食过量的钙（4%）或磷（1.9%）会导致繁殖能力显著变化，发生多产性或增加死胎率。

（七）可以有效利用饲料中的植酸磷

植酸是谷物和蛋白质补充料中的一种有机物质，它和饲料中的磷形成一种难以吸收的复合物质叫植酸磷。一般非反刍动物不能有效利用植酸磷，而家兔则可借助盲肠和结肠中的微生物，将植酸磷转变为有效磷，使其得到充分利用。因此，降低饲料中无机磷的添加量，不仅对兔生长无不良影响，同时也减少了粪便中磷的排泄量，减轻磷对环境的污染。

（八）对无机硫的利用

在兔饲料中添加硫酸盐或硫黄，对兔增重有促进作用。据同位素示踪表明，经口服的硫酸盐（^{35}S）可被家兔利用，合成胱氨酸和蛋氨酸，这种由无机硫向有机硫的转化，与家兔盲肠微生物的活动和家兔食粪习性有关。

胱氨酸、蛋氨酸均为含硫氨基酸，是家兔限制性氨基酸，饲料中最易缺乏。生产中利用家兔可将无机硫转化为含硫氨基酸这一特点，在饲料中加入价格低、来源广的硫酸盐来补充含硫氨基酸的不足，从经济方面考虑是可行的。

（九）消化道疾病发生率高

家兔特别容易发生消化系统疾病，尤其是腹泻。仔、幼兔一旦发生腹泻，死亡率很高。造成腹泻的主要诱发因素有高碳水化合物、低纤维饲料（低木质素），断奶不当，腹部着凉，饲料过细，体内温度突然降低，饮食不卫生和饲料突变等。

1. 高碳水化合物、低纤维饲料与腹泻

关于高碳水化合物、低纤维饲料引起腹泻，有不同解释。美国养兔专家 Patton 教授提出"后肠碳水化合物过度负荷引起腹泻"的学说，得到多数人的认可。饲喂高碳水化合物（即高能量）、高蛋白质、低纤维饲料（低木质素），它们通过小肠的速度加快，未经消化的碳水化合物（即淀粉）可迅速进入盲肠。盲肠中有大量的淀粉时，就会导致一些产气杆菌（如大肠杆菌、魏氏梭菌等）的大量繁殖和过度发酵，破坏盲肠内正常的微生物区系。那些致病的产气杆菌同时产生毒素，被肠壁吸收，使肠壁受到破坏，肠黏膜的通透性增高，大量的毒素被吸收入血，造成全身性中毒，引起腹泻并导致

死亡。此外，由于肠道内过度发酵，产生挥发性脂肪酸，这些脂肪酸增加了后肠内液体的渗透压，大量水分从血液中进入肠道，造成腹泻。因此，粗纤维（木质素）对维持肠道内正常消化功能有重要作用，饲料中含有5%以上木质素对预防腹泻有较好效果。

2. 断奶与腹泻

断奶不当也容易引起断奶仔兔腹泻，这是因为从吃液体的乳汁完全转变为吃固体饲料的过程中，引起断奶仔兔的应激反应，改变了肠道内的生理平衡。一方面减少了胃内抗微生物兔奶因子的作用，另一方面断乳兔胃内盐酸的酸度达不到成年兔胃内的酸度水平，因此不能经常有效地杀死进入胃内的微生物（包括致病菌）。同时，断奶幼兔对有活力的病原微生物或细菌毒素比较敏感。所以，断奶仔兔特别容易发生腹泻和其他胃肠道疾病。

为此，养兔实践中常采取以下措施降低因断奶不当所造成的腹泻发病率。①仔兔18日龄时，喂给易消化、营养价值高的诱食饲料，如小麦片等，使仔兔从吸食乳汁到采食饲料有一个过渡阶段，同时刺激胃肠发育及盲肠微生物区系的迅速形成。②断奶时离乳不离窝，减少因环境变化带来的应激。③添加绿色饲料添加剂如酸化剂等，以防止大肠杆菌、魏氏梭菌以及外源病原菌的侵袭。

3. 腹部着凉与腹泻

家兔的腹壁肌肉比较薄，特别是仔兔脐周围的被毛稀少、腹壁肌肉更薄。当兔舍温度低，或家兔卧在温度低的地面（如水泥地面等），肠壁受到冷刺激时，肠蠕动加快，小肠内尚未消化吸收的营养物质便进入盲肠。由于水分吸收减少，使盲肠内容物迅速变稀而影响盲肠内环境，消化不良的小肠内容物刺激大肠，使大肠的蠕动亢进而造成腹泻。仔兔对冷热刺激的适应性和调节能力又差，所以幼兔特别容易着凉而腹泻。

腹部着凉引起腹泻极易造成继发感染，故要增加舍温，避免兔子腹部着凉，同时对腹泻仔兔用抗生素加以治疗。

4. 饲料过细与腹泻

家兔采食过细的饲料入胃后，形成紧密结实的食团，胃酸难以浸透食团，使胃内食团 pH 值长时间保持在较高的水平，有利于胃内微生物的繁殖，并利于胃内细菌进入小肠，细菌产生毒素，导致兔腹泻或死亡。

盲肠的生理特点是能主动选择性吸收小颗粒，结肠袋能选择性地保留水分和细小颗粒，并通过逆蠕动又送回盲肠。颗粒太细，会使盲肠负荷加大，有利于诱发盲肠内细菌的暴发性生长，大量的发酵产物和细菌毒素损害盲肠和结肠的黏膜，导致异常的通透性，使血液中的水分和电解质进入肠壁，使胃肠道功能发生紊乱，引起兔的胃肠炎和腹泻。

为此，在用颗粒饲料直接饲喂家兔时，其中粗饲料粉碎不宜太细，一般以能通过 2.5 mm 筛网即可。

5. 体内温度突然降低与腹泻

家兔对外界温度的变化有较大的耐受能力，但对体内温度变化的抵抗力则较差。在寒冷季节，如给幼兔喂多量的冰冻湿料或含水分高的冰冻过的湿菜、多汁饲料后，就会立即消耗体内大量的热能。由于兔子特别是幼兔不能很快地补充这些失去的热能，就会引起肠道的过敏，特别是受凉肠道的运动增强而使内部机能失去平衡，并诱发肠道内细菌异常的增殖而造成肠壁的炎症性病变，发生腹泻。养兔实践中，当饲料中干物质和水分的比例超过 1∶5 时，就容易发生腹泻，尤其在寒冷季节，这一点应特别引起注意。

6. 饲料突变及饮食不洁与腹泻

饲料突变及饮食不洁使肠胃不能适应，改变了消化道的内环境，破坏了正常的微生物区系，导致消化道功能紊乱，诱发大肠杆菌病、魏氏梭菌病等疾病，因此要特别注意饲料的相对稳定和卫生。

二、家兔的采食习性

1. 草食性

家兔属单胃草食动物，以植物性饲料为主，主要采食植物的根、茎、叶和种子。兔特异的口腔构造，较大容积的消化道，特

别发达的盲肠和特异功能的淋巴球囊等，都是对草食习性的适应。

2. 择食性

家兔对饲料具有选择性，像其他草食动物一样，喜欢吃素食，不喜欢吃鱼粉、肉骨粉等动物性饲料。因此，在饲料中添加动物性饲料时，需均匀地拌在饲料中喂给，并由少到多，或加入适量的调味剂（如大蒜粉、甜味素等）。

在各类饲草中，家兔喜欢吃多叶性饲草，如豆科牧草，相比之下，不太喜欢吃叶脉平行的草类，如禾本科草。在各类饲料中，喜欢吃整粒的大麦、燕麦，而不喜欢吃整粒玉米。在多汁饲料中，喜欢吃胡萝卜等。家兔喜欢吃带甜味的饲料。有条件的地方，可将制糖的副产品或甜菜丝拌入饲料中，以提高适口性。家兔也喜欢吃添加植物油（如玉米油等）的饲料，所给饲料以含5%～10%脂肪为宜。

颗粒料与粉料比较，家兔喜欢采食颗粒料。试验证明，在饲料配方相同的情况下，制成颗粒料饲喂的效果好于粉料湿拌料。饲喂颗粒饲料组日增重速度、饲料利用率均高于粉料组，且很少患消化道疾病，饲料浪费也大大减少。

3. 夜食性

家兔是由野生穴兔驯化而来的，至今仍保留着昼伏夜行的习性，夜间十分活跃，采食、饮水频繁。据测定，家兔夜间采食和饮水量占全天采食和饮水量的75%左右。白天除采食、饮水活动外，大部分时间处于静卧和睡眠状态。根据家兔这一习性，应合理安排饲养日程，晚上要喂给充足的饲料和饮水，尤其冬季夜长时更应如此。白天除饲喂和必要的管理工作外，尽量不要影响家兔的休息和睡眠。

4. 啃咬性

兔的大门齿是恒齿，不断生长，需要通过啃咬硬物，以磨损牙齿，使之保持上下颌牙齿齿面的吻合。当饲料硬度小而牙齿得不到磨损时，就寻找易咬物体，如食槽、门、产箱、踏板等。因此，加工颗粒饲料时，应经常检查其硬度。不得已饲喂粉料时，可在兔笼内放入一些木板、树枝或笼上吊挂金属铁链等，让兔啃咬磨牙。制作兔笼、用具时，所用材料要坚固；笼内要平整，尽量不留棱角，以延长其使用寿命。

5. 异食癖

家兔除了正常采食饲料和吞食软粪外，有时会出现食仔、食毛、食足等异常观象，称之为异食癖。

第二节　家兔的营养需要

一、能量需要

（一）能量的概念、单位、能量体系

1. 概念

能量可定义为做功的能力。动物的所有活动，如呼吸、心跳、血液循环、肌肉活动、神经活动、生长、生产产品（繁殖、泌乳等）等都需要能量。

2. 能量的单位

传统的能量单位为卡（cal），1 cal 相当于使 1 g 蒸馏水温度升高 1°的能量消耗。1 千卡（kcal）=1 000 cal，1 兆卡（Mcal）=1 000 kcal。国际标准为焦耳（J）和兆焦（MJ），1 千焦（kJ）=1 000 J，1 兆焦（MJ）=1 000kJ。

卡与焦耳可以互换，换算关系为：1 cal =4.184 J，1 kcal=4.184 kJ，1 Mcal=4.184 MJ。

3. 家兔的能量体系

动物摄入的饲料能量伴随着养分的消化代谢过程发生一系列转化，饲料能量可相应划分成若干部分（图1–5）。每部分的能值可根据能量守恒和转化定律进行测定和计算。

11

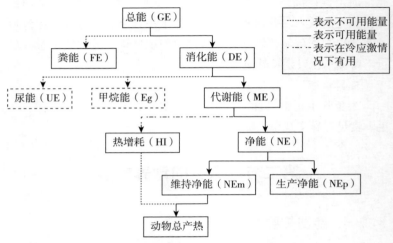

图 1-5　饲料能量在动物体内的分配

（引自动物营养学，第三版）

目前家兔的能量体系一般为消化能（digestible energy，DE），是指饲料可消化养分所含的能量，即家兔摄入饲料的总能（gross energy，GE）与粪能（fecal energy，FE）之差。即

$$DE=GE-FE$$

式中，FE 为粪中物质所含的总能，称为粪能。

正常情况下，动物粪便中能够产生能量的物质并非全部来源于未消化吸收的饲料养分，还包括：消化道微生物及其代谢产物、消化道分泌物和消化道黏膜脱落细胞，这三者称为粪代谢物，所含的能量为代谢粪能（F_mE，m 代表代谢来源）

FE 中未扣除 F_mE，按上式计算的消化能称为表观消化能（apparent digestible energy，ADE）。FE 中扣除 F_mE，按上式计算的消化能称为真消化能（true digestible energy，TDE）。计算式如下：$TDE=GE-（FE-F_mE）$

在无特别说明的情况下，消化能值一般指表观消化能。用

TDE 反映饲料的能值比 ADE 准确，但测定较难，因此，现行的家兔营养需要和饲料价值表一般用 ADE。

在家兔配合饲料中，消化能含量通常为总能的 60% ~ 65%。

代谢能（metabolizable erengy，ME）：代谢能的计算是从消化能减去尿的能量损失（urine energy，UE）和肠道发酵气体（主要是甲烷）的能量损失。一方面，在反刍动物，甲烷气能（GasE）所占的消化能的比例相当可观，但对家兔来说，就像盲肠发酵热的损失一样可以忽略；另一方面尿能损失是重要的，它取决于饲料的蛋白浓度。氮的损失（尿素和其他氮分解代谢产物的能量损失）随饲料蛋白质增加而增加。尿能可以由每天尿排出的氮量（UN）来计算。家兔对饲料的能量利用见图 1-6。

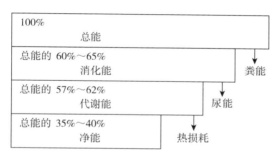

图 1-6 家兔对饲料的能量利用

（引自 Carlos de Blas，Julianwiseman. 唐良美主译 . 家兔营养 [M]，第二版）

（二）能量来源

能量主要来源于碳水化合物、脂肪和蛋白质。其中碳水化合物是主要的能量来源，因为饲料中碳水化合物含量最高。脂肪是含能量最高的营养素，其有效能值大约为碳水化合物的 2.25 倍。蛋白质必须先分解为氨基酸，氨基酸脱氨基后再氧化释放能量，能量利用效率较低。试验数据表明，家兔的脂肪和蛋白质具有独特的热值，分别为 35.6 MJ/kg 和 23.2 MJ/kg。

13

（三）能量需要

影响家兔能量需要量的因素有：品种、生理阶段、年龄、性别和环境温度等，不同生理阶段兔的能量需要量不同。

1. 维持需要

家兔的维持需要与代谢体重和生理状况有关。

生长兔每天消化能维持需要平均为 430 kJ/kgLW$^{0.75}$，每天代谢能维持需要为 410 kJ/kgLW$^{0.75}$。

每天消化能维持需要的建议值为：空怀母兔 400 kJ/kgLW$^{0.75}$，妊娠或泌乳母兔 430 kJ/kgLW$^{0.75}$，泌乳期的怀孕母兔 470 kJ/kgLW$^{0.75}$。

2. 生长兔的能量需要

试验数据表明，当日粮消化能浓度为 10 ～ 10.5 MJ/kg 时，生长兔平均日增重最高。

3. 繁殖母兔的能量需要

母兔的能量需要量 = 维持需要 + 泌乳需要 + 妊娠需要 + 仔兔生长需要。母兔能量需要量与所处生理阶段等有关，表 1-3 是不同生理阶段高产母兔总的能量需要量。

表 1-3 高产母兔在繁殖周期不同阶段的能量需要量

（4 kg 标准母兔的需要量）　　（kJ/d）

阶段	维持	妊娠	泌乳	总计	饲料（g/d）
青年母兔（妊娠）（3.2 kg）	240	130	—	370	148
妊娠母兔					
0 ～ 23 天	285	95		385	154
23 ～ 31 天	285	285		570	228
泌乳母兔					
10 天	310	—	690	1 000	400
17 天	310	—	850	1 160	464
25 天	310	—	730	1 160	464

续表

阶段	维持	妊娠	泌乳	总计	饲料（g/d）
泌乳 + 妊娠					
10 天	310	—	690	1 000	400
17 天	310	95	850	1 255	502
25 天	310	95	730	1 135	454

注：1. 假定每千克日粮能量含量为 10.46 kJ DE。2. 妊娠＋生长。3. 产奶量：10 天时 235 g；17 天时 290 g；25 天时 220 g。

资料来源：选自 Maerens。

4. 产毛能量需要

据刘世明等（1989）报道，每克兔毛含能量约为 21.13 kJ，DE 用于毛中能量沉积效率为 19%，所以每产 1 g 毛需要供应大约 111.21 kJ 的消化能。

5. 能量不足或过量的危害

能量不足，生长兔增重速度减慢，饲料利用率下降。

能量过高时，日粮中碳水化合物比例增加，家兔尤其是幼兔消化道疾病发病率升高；母兔肥胖，发情紊乱，不孕、难产或胎儿死亡率升高；公兔配种能力下降。同时饲料成本升高。

基于母兔过胖导致繁殖障碍问题，建议青年母兔采取限制饲喂方式，即按自由采食量的 80%～90% 饲喂，以获得第一次配种时的目标体重。限制饲养的母兔在第一次配种或受精前 4～7 天，通常用泌乳日粮让其自由采食，进行催情补饲，以避免初配母兔的交配接受率下降。妊娠初期可以继续采取限制饲喂，尤其对活重超过目标体重时更应如此。考虑到妊娠需要的增加和产仔前后采食量的减少，建议妊娠的最后两周用泌乳日粮让其自由采食。

二、蛋白质需要

蛋白质是维持生命活动的基本成分，是兔体、兔皮、兔毛生长不可缺少的营养成分。

（一）蛋白质的组成

1. 蛋白质的元素组成

组成蛋白质的主要元素是碳、氢、氧、氮，多数的蛋白质含有硫，少数含有磷、铁、铜和碘等元素。比较典型的蛋白质组成为：碳 51.0% ～ 55.0%，氮 15.5% ～ 18.0%，氢 6.5% ～ 7.3%，硫 0.5% ～ 2.0%，氧 21.5% ～ 23.5%，磷 0% ～ 1.5%。不同蛋白质的含氮量不完全相等，但差异不大，平均含氮量按 16% 计。

2. 蛋白质的氨基酸组成

蛋白质是由氨基酸组成，通过肽键连接而成的多肽链，大多数蛋白质至少含有 100 个氨基酸残基。构成蛋白质的常见氨基酸只有 20 种。

家兔有 10 种必需氨基酸，分别为：蛋氨酸、赖氨酸、精氨酸、苏氨酸、组氨酸、异亮氨酸、亮氨酸、苯丙氨酸、色氨酸、缬氨酸，因为它们的碳架不能在家兔的机体内合成。生产中使用普通饲料原料时，赖氨酸、含硫氨基酸和苏氨酸属第一限制性氨基酸。

（二）蛋白质的营养生理作用

1. 机体和兔产品的重要组成部分

蛋白质是机体各器官中除水外，含量最多的养分，占干物质的 50%，占无脂固形物的 80%。蛋白质也是家兔产品乳、毛的主要组成成分。

2. 机体内生物功能的载体

蛋白质的生物学功能具有多样性，包括催化、调节、转运、储存、运动、结构成分、支架作用、防御和进攻、异常功能等。

3. 组织更新、修补的主要原料

在动物的新陈代谢过程中，组织和器官蛋白质的更新、损伤组织的修补都需要蛋白质。

4. 供能和转化糖、脂肪

在机体能量供应不足时，蛋白质可分解供能，维持机体的代谢活动。动物摄入蛋白质过多或氨基酸不平衡时，多余的蛋白质也可转化为糖、脂肪或分解供能。

（三）蛋白质的需要

蛋白质常用粗蛋白质和表观可消化蛋白质来表示，单位为 %。实际上，由于家兔有特殊的氨基酸需要，氨基酸的粪表观消化率和回肠氨基酸真消化率是更为可靠的数据，但是该数据目前较少。

由于家兔食欲的化学静态调节，家兔对氮的需要最客观的表达是与日粮能量有关的 DP 对 DE（消化能）的比例，即可通过可消化蛋白质与消化能之比来表达，它直接与氮的沉积和排出有关。

1. 维持需要

生长兔每天可消化蛋白质维持需要量（DPm）估计为 2.9 g/kgLW$^{0.75}$。泌乳母兔、泌乳＋妊娠母兔每天蛋白质维持需要量分别为 3.73 g DE/kgLW$^{0.75}$ 和 3.76 ～ 3.80 g DE/kgLW$^{0.7}$。非繁殖成年兔与生长兔有相同的 DPm。

2. 生长需要

可消化蛋白质的需要量随生长速度而改变。

一般认为，生长兔每 4 184 kJ DE 需要 46 g DCP。兔日粮蛋白质消化率平均为 70%，日粮 DE 含量为 10.04 kJ/kg 时，就可计算 CP 含量：

生长兔最低日粮的粗蛋白质含量 =46×2.4/0.70 ＝ 158（g/kg）或 15.8%。

青年母兔日粮蛋白质的水平推荐为 15.0% ～ 16.0%，青年公

兔为 10.5%～11.0%。

在考虑蛋白质含量的同时，要注意蛋能比。可消化蛋白质（DP）对消化能（DE）的比例：青年母兔、青年公兔为 10.5～11.0 g/MJ。

生长兔日粮中不仅要有一定量的蛋白质，同时氨基酸也极为重要，尤其是限制性氨基酸，如赖氨酸、含硫氨基酸、苏氨酸和精氨酸。从图 1-7 可知，生长兔赖氨酸的最佳比例为 0.75%。

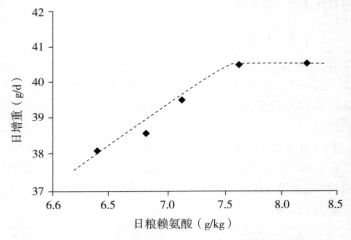

图 1-7　生长兔日增重对于日粮赖氨酸浓度增加的剂量反应

（引自 Taboada 等，1994）

3. 繁殖母兔需要

兔乳中蛋白质、脂肪含量丰富，为牛乳的 3～4 倍，其能值大约有 1/3 由蛋白质提供，因此繁殖母兔每 4 184 kJ DE 需 51 g DCP。日粮蛋白质的平均消化率为 73%，日粮 DE 含量为 10.46 MJ/kg，计算出 CP 含量为：

泌乳的最低粗蛋白质 =51×2.5/0.73 = 175（g/kg）或 17.5%。

4. 成年兔需要

成年兔用于维持的粗蛋白质需要量很低，一般 13% 就可满足其需要。

家兔不仅需要一定量的蛋白质，还需要一些必需氨基酸。表1-4中列出了繁殖母兔、断奶兔、育肥兔日粮中粗蛋白质、最低氨基酸的推荐量。

表1-4　家兔日粮蛋白质和氨基酸的最低推荐量　　　　　（％）

日粮水平（89%～90%的干物质）	繁殖母兔	断奶兔	育肥兔
消化能（MJ/kg）	10.46	9.52	10.04
粗蛋白质	17.5	16.0	15.5
可消化蛋白质	12.7	11.0	10.8
精氨酸	0.85	0.90	0.90
组氨酸	0.43	0.35	0.35
异亮氨酸	0.70	0.65	0.60
亮氨酸	1.25	1.10	1.05
赖氨酸	0.85	0.75	0.70
蛋氨酸＋胱氨酸	0.62	0.62	0.65
苯丙氨酸＋酪氨酸	0.62	0.65	0.65
苏氨酸	0.65	0.60	0.60
色氨酸	0.15	0.13	0.13
缬氨酸	0.85	0.70	0.70

资料来源：选自 Maertebs。

5. 皮用兔、毛用兔需要

产皮兔和产毛兔的终产品（皮和毛）中的含氮化合物和含硫氨基酸含量高，因而对它们的蛋白质营养需要应特别关注。据刘世明等（1989）的测定结果，每克兔毛中含有 0.86 g 的蛋白质，可消化蛋白质之用于产毛的效率约43%，即每产 1g 毛，需要 2g 的可消化蛋白质。

一般建议，皮用兔日粮中的蛋白质含量最少应为 16%，含硫氨基酸（蛋氨酸、胱氨酸）最少为 0.7%。产毛兔的蛋白质含量根

据产毛量来确定，但其中含硫氨基酸最少为 0.7%。

6. 蛋白质不足或过量的危害

蛋白质不足时，家兔生长速度下降；母兔发情不正常、胎儿发育不良、泌乳量下降；公兔精子密度小，品质降低；换毛期延长；出现食毛现象。獭兔被毛质量下降。毛兔产毛量下降，兔毛品质不良。

蛋白质过高，过多蛋白质产物在兔体内脱去氨基，并在肝脏合成尿素，由肾脏排出，从而加重了器官的负担，对健康不利，严重的会引起蛋白质中毒。同时家兔摄入蛋白质过多，由于蛋白质在胃、小肠内的消化不充分，大量进入盲肠和结肠，使正常的微生物区系遭到破坏，而非营养性微生物，特别是魏氏梭菌等病原微生物大量繁殖，产生毒素，引起腹泻，导致死亡。同时大量的氮排放导致环境污染加剧。

三、脂肪的需要

（一）脂类、脂肪概念

脂类可分为简单的脂质和复杂的类脂，前者不含脂肪酸（FA），后者与 FA 酯化。脂肪是由碳、氢、氧组成的复杂有机物，以能溶于非极性有机溶剂为特征。

甘油三酯可以被称为真脂，因为它们是动、植物有机体贮存能量最典型的形式，因此，只有这种脂类具有真正的营养价值。甘油三酯是一分子丙三醇（一种三元醇）被三分子脂肪酸酯而成。甘油三酯的物理、化学和营养性质取决于构成它们的脂肪酸特性，换句话说，取决于所含碳原子的数目和不饱和键（双键）的位置及数目（表 1–5）。

表 1-5　脂肪和油类中主要脂肪酸的化学结构

脂肪酸	命名	化学结构
肉豆蔻酸	C14：0	$CH_3-(CH_2)_{12}-COOH$
棕榈酸	C16：0	$CH_3-(CH_2)_{14}-COOH$
棕榈油酸	C16：1，n-7	$CH_3-(CH_2)_5-CH=CH-(CH_2)_7-COOH$
硬脂酸	C18：0	$CH_3-(CH_2)_{16}-COOH$
油酸	C18：1，n-9	$CH_3-(CH_2)_4-CH=CH-(CH_2)_7-COOH$
亚油酸	C18：2，n-6	$CH_3-(CH_2)_7-CH=CH-CH_2-CH=CH-(CH_2)_7-COOH$
亚麻酸	C18：3，n-3	$CH_3-CH_2-CH=CH-CH_2-CH=CH-CH_2-CH=CH-(CH_2)_7-COOH$

　　甘油三酯中的脂肪酸的碳原子数目通常是偶数，这时由于高等动植物在脂肪酸（FA）合成和氧化时成对增、减碳原子数。微生物则能产生含有奇数碳原子的脂肪酸。

　　脂肪酸可分为：短链脂肪酸，即由 2～8 个碳原子组成（C2～C8）；中链脂肪酸，即由 10～16 个碳原子组成（C10～C16）；长链脂肪酸，即由 18 个及以上碳原子（直至22～24 个）组成。

　　双键的数目是脂肪酸的另一种特性：饱和脂肪酸（SFA）在碳原子间只含有单键（饱和键），而不饱和脂肪酸（UFA）存在一个或多个双键（不饱和键）。UFA 又可分为只有一个双键的单不饱和脂肪酸（如油酸，C18：1）和具有两个（如亚油酸，C18：2）或更多（直至 6 个）双键的多不饱和脂肪酸（PUFAS）。

　　脂肪酸的化学结构影响到脂肪和油的熔点，并且熔点随着碳原子数的减少和不饱和键的增加而下降。因此，来自植物的甘油三酯在室温下是液体（油），因为它富含不饱和键，而来自动物的甘油三酯是固体（脂肪）。

　　不饱和度也影响脂肪的稳定性，因为双键容易被氧化，从而形成氢过氧化物。这种物质会迅速分解成短链化合物，从而给脂肪和

饲料带来特有的哈喇味。氧化速度随着不饱和键的增加而加快。

（二）脂肪的营养作用

1. 供能和储能的作用

甘油三酯是饲料中产生能量最高的成分，平均产生的能值是其他成分（如蛋白质和淀粉）的2.25倍。

2. 提高适口性

适量的脂肪可提高饲料适口性，增加采食量。

3. 促进脂溶性营养素的吸收

脂肪是脂溶性维生素良好溶剂，有利于机体对脂溶性维生素和脂类的吸收。

4. 刺激免疫系统发育、改变脂肪酸谱，提高兔肉营养价值和皮毛光泽度

断奶兔日粮中添加脂肪，可以改善体况，刺激免疫系统发育和增进健康。生长兔和育肥兔日粮中补充脂肪有利于改变脂肪酸谱和兔肉的营养价值，可以改善家兔皮毛光泽度。

（三）脂肪的需要

集约化生产方式中，添加1%～3%的脂肪是必要的。家兔日粮中脂肪适宜量为3%～5%。最新研究表明，育肥兔日粮脂肪比例增加到5%～8%，可改善育肥性能，促进质量的提高。

家兔饲料中必须有一定量的必需脂肪酸（EFA），即n-3脂肪酸（第一双键在3碳位）和n-6脂肪酸（第一双键在6碳位）。常用的必需脂肪酸是亚油酸（C18:2，n-6）和亚麻酸（C18:3，n-3）。

亚油酸是合成花生四烯酸（C20:4，n-6）所必需的，花生四烯酸是生成前列腺素和前列环素（繁殖功能）或凝血恶烷的前提（止血功能）；亚麻酸是合成二十碳五烯酸（C20:5，n-3）所必需，它是心脏、视网膜和大脑功能及免疫系统所必需的几种化合物的前提。

添加脂肪以植物油为好，如玉米油、大豆油和葵花油等。

（四）脂肪含量过低、过高的影响

日粮中脂肪含量过低，会引起维生素 A、维生素 D、维生素 E 和维生素 K 营养缺乏症，兔皮、兔毛品质下降。

脂肪含量过高，日粮成本升高，且不易贮存，增加了胴体脂肪含量；同时饲料不易颗粒化。在热环境下，会减少家兔抗热应激的潜力。

四、碳水化合物的需要

碳水化合物是多羟基的醛、酮或其简单衍生物以及能水解产生上述产物的化合物的总称。

动物饲料中的植物碳水化合物可以分为以下两个组分。①由动物肠道内源酶水解的部分（主要位于植物细胞内的多糖）。②只能由微生物产生的酶水解的部分（主要是组成细胞壁的多糖）。前一部分可分成两组：第一组是单糖和低聚糖（寡糖），这组糖在兔饲料中的含量较低（占 5%）；第二组主要以淀粉为代表的多聚糖（含量 10% ～ 25%）。

碳水化合物中淀粉、粗纤维对家兔营养和肠道健康影响较大，分述如下。

（一）淀粉

1. 概念

淀粉（α－葡聚糖）是一种绿色植物储存的主要多糖，并且也许是自然界中仅次于纤维素的含量最丰富的碳水化合物。

2. 淀粉的需要

（1）仔兔的需要。

研究表明，日粮的淀粉水平（与纤维素和脂肪的改变相关联）对仔兔从开始吃饲料到断奶这段时间死亡率的影响并不大。主要是乳的摄取是仔兔养分摄取的重要部分，并有保护健康的功效。

（2）生长兔的需要。

已经证明兔对消化紊乱的敏感性在断奶后要大得多，这是由于这个时间出现了许多生理学的改变。理论研究表明，大肠内有过多的能迅速发酵的碳水化合物时，增加了断奶兔发生消化道紊乱的可能性。日粮中淀粉含量应低于通常的 15.0% ～ 15.5%，或者甚至更低一些。

（3）成年兔的需要。

当日粮的淀粉含量在常用水平之内时，淀粉摄入量与成年家兔消化紊乱的关系很有限。

（二）纤维

1.定义、存在部位

日粮纤维一般定义为：对哺乳动物的内源酶消化和吸收具有抗性，并能在肠道内被部分或全部发酵的饲料成分。饲料分为以下两组。

细胞壁成分：包括水溶性非淀粉多糖（如部分 β - 葡聚糖、阿拉伯木聚糖和果胶质）、水不溶聚合物（如木质素、纤维素、半纤维素和果胶质）。

细胞质成分：低聚糖、果聚糖、抗性淀粉和甘露聚糖。

2.纤维的表示方法

粗纤维是传统表达方式。其测定方法是：先用酸，然后用碱进行水解，提取出纤维残留物。该方法具有高度的重复性、迅速、简单、低廉，全世界都经常使用。其缺点是纤维残留物的化学成分存在高度的差异性（取决于饲料的种类）。

目前替代传统粗纤维测定的较为先进的方法是范氏（Van Soest）测定方法。纤维按照中性洗涤纤维（NDF）、酸性洗涤纤维（ADF）、酸性洗涤木质素（ADL）等来表示。

中性洗涤纤维（neutral detergent fiber，NDF）：在范氏洗涤纤维分析法中，饲料经中性洗涤剂（3% 十二烷基硫酸钠）分解，大部分细胞内容物溶解于洗涤剂中，其中包括脂肪、糖、淀粉和蛋白质，统称为中性洗涤剂溶解物（NDS），不溶解的残渣称为中性洗涤纤维（NDF），这部分主要是细胞壁部分，如半纤维素、纤维素、木质素、硅酸盐和极少量蛋白质。

酸性洗涤纤维（acid detergent fiber，ADF）：在范氏洗涤纤维分析法中，酸性洗涤剂可将中性洗涤纤维（NDF）中各组分进一步分解；饲料可溶于酸性洗涤剂的部分称为酸性洗涤剂溶解物（ADS），剩余的残渣称为酸性洗涤纤维（ADF），其中含有纤维素、木质素和硅酸盐。

酸性洗涤木质素（acid detergent lignin，ADL）：在范氏洗涤纤维分析法中，酸性洗涤纤维（ADF）经72%硫酸消化，残渣为木质素和硅酸盐，残渣灰化，灰化过程中逸出的部分称为酸性洗涤木质素（ADL）。

日粮纤维测定的重量分析法和残渣分析见图1-8。

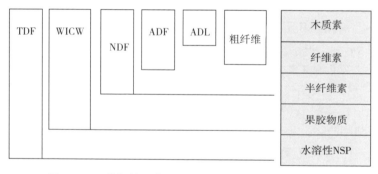

图1-8 日粮纤维测定的重量分析法和残渣分析的识别

（Nutrition of the rabbit 2nd Edition）

3. 纤维的作用

（1）提供能量。纤维经盲肠微生物发酵，产生挥发性脂肪酸（VFA），挥发性脂肪酸在后肠很快被吸收并为家兔提供常规能源。家兔盲肠内挥发性脂肪酸组成（谱）比较特别：占绝对优势的是

乙酸（77 mmol/100 mL），其次是丁酸（17 mmol/100 mL），最少的是丙酸（6 mmol/100 mL），其含量的多少受到纤维含量的影响。

（2）维持胃肠正常蠕动，刺激胃肠道发育　肠胃正常蠕动是影响养分吸收的重要因素。

日粮中未发酵的纤维通过机械作用影响胃肠道蠕动和食糜滞留时间。而发酵部分则可通过发酵产物来影响胃肠道蠕动和食糜流通速度。粗纤维可促进消化道蠕动、刺激消化液分泌，使胃肠道有一定充盈度，促进胃肠道充分发育，以满足家兔高产阶段的采食量。

研究表明，细胞壁成分（粗纤维或 ADF）含量高的日粮可以降低兔的死亡率。纤维的保护性作用表现为刺激回肠－盲肠运动，避免食糜存留时间过长。日粮中的纤维不仅在调节食糜流动中起重要作用，而且也决定了盲肠微生物增殖的范围。

日粮中不仅要有一定量的粗纤维，同时木质素要有一定的水平。法国研究小组已经证实了日粮中木质素（ADL）对食糜流通速度的重要作用及其防止腹泻的保护作用。

消化紊乱所导致的死亡率与试验日粮中的 ADL 水平密切相关（$r = 0.99$）。关系式表示如下：

死亡率（%）= 15.8－1.08ADL（%）（n>2 000 只兔）

以上关系式表示，随着日粮中木质素（ADL）增加，家兔消化道疾病导致的死亡率呈现下降的趋势。

（3）预防毛球症。兔胃壁肌肉收缩力弱，胃内容物排空相当困难，因此误食入胃内的兔毛易黏成团在胃内积存，引发毛球病。日粮中保持适宜的粗纤维，可促使胃肠道的蠕动，将兔毛排出体外，防止发生毛球症（图1–9）。

图 1–9　兔胃中的毛球

（三）淀粉、纤维的需要

一般传统的观点认为：家兔日粮中粗纤维含量以 12% ~ 16% 为宜。粗纤维含量低于 6% 会引起腹泻。粗纤维含量过高，生产性能下降。

表 1-6 中给出了繁殖母兔、青年兔、育肥兔日粮中淀粉和纤维含量的最小值。纤维推荐量以平均水平为基础。根据健康状况，这个值可适当增加或减少。

表 1-6　日粮中纤维和淀粉的推荐量　　　　　　　（%）

日粮水平（85% ~ 90% 干物质）	繁殖母兔	断奶的青年兔	育肥兔
淀粉	自由采食	13.5	18.0
酸性洗涤纤维（ADF）	16.5	21	18
酸性洗涤木质素（ADL）	4.2	5.0	4.5
纤维素（ADF-ADL）	12.3	16	13.5

资料来源：Maertens。

需要注意的是，家兔对纤维的需要，同时也包括对颗粒大小的推荐值。养兔实践中由于粉碎条件或使用一些颗粒细小的木质化副产品（如稻壳或红辣椒粉），日粮中含有大量木质素，也可能会出现大颗粒含量的不足。因此，为达到兔的最佳生产性能，降低消化紊乱的风险，日粮中必须有足够数量的较大颗粒。据 De Blas 研究，日粮中大颗粒（0.315 mm）的最低比例为 25%。

五、水的需要

水是兔体的主要成分，约占体内瘦肉重的 70%。水对饲料的消化、吸收、机体内的物质代谢、体温调节都是必需的。家兔缺水比缺料更难维持生命。

水的来源有饮用水、饲料水和代谢水。仅喂青绿粗饲料时，可能不需饮水，但对生长发育快、泌乳母兔供给饮水还是必要的。

家兔可以根据饲料和环境温度调节饮水量。在适宜的温度条件下，青年兔采食量与饮水量的比率稍低于 1.7∶1。成年兔这一比率则接近 2∶1。

饮水量和采食量随环境温度和湿度的变化而变化，因此建议自由饮水（图 1-10）。

缺水的影响：生长兔采食量急剧下降，并在 24 小时内停止采食。母兔泌乳量下降，仔兔生长发育受阻。

限制饮水量或饮水时间，会导致饲料采食量与饮水量呈比例性下降，因此有时被用来作为限制饲养的间接方法。但是从动物福利的观点出发，这种方法是不能被接受的。

饮用水应该清洁、新鲜、不含生物和化学物质。

家兔无缘无故地采食量减少，必须首先考虑有无饮水或检查饮水是否被污染，然后再考虑是否患病。要定期检查水桶、水管是否被兔毛堵塞或被苔藓所污染。

图 1-10　自由饮水

六、矿物质的需要

矿物质是家兔机体的重要组成成分，也是机体不可缺少的营养物质，其含量占机体 5% 左右。矿物质可分为常量元素（Ca、P、

Cl、Na、Mg、K）和微量元素（Mn、Zn、Fe、Cu、Mo、Se、I、Co、Cr、F）。前者需要量大于后者。

（一）常量元素

1. 钙、磷

钙磷占体内总矿物质的 65%～70%。钙磷是骨骼的主要成分，参与骨骼的形成。兔乳中含有丰富的钙、磷。钙在血液凝固、调节神经和肌肉组织的兴奋性及维持体内酸碱平衡中起重要作用，还参与磷、镁、氮的代谢。磷是细胞核中核酸，神经组织中磷脂、磷蛋白和其他化合物的成分，参与调节蛋白质、碳水化合物和脂肪代谢。磷是血液中重要的缓冲物质成分。

钙的代谢与其他畜种存在较大差异：①钙的吸收与其在日粮中的浓度呈正比，而与代谢需要无关，因此血钙的含量随钙的摄入量增加而升高；②尿是家兔排出多余钙的主要途径。

家兔可以很好地利用植酸磷，这是由于家兔盲肠微生物能够产生植酸酶。大多数磷通过软粪和食粪进行循环，从而导致植酸磷几乎完全被吸收。

钙、磷的营养需要：生长－育肥兔钙的推荐剂量为 0.4%～1.0%，磷为 0.22%～0.70%。泌乳母兔的钙磷需求量要高于生长兔和非泌乳兔，因为兔乳中含有这两种元素特别丰富。兔乳的钙磷平均含量是牛乳的 3～5 倍。为此推荐母兔日粮中的钙为 0.75%～1.50%，磷为 0.45%～0.80%。

钙磷缺乏或过量的危害：缺乏钙、磷和维生素 D 时，幼兔可引起软骨症；成年兔可发生溶骨作用；怀孕母兔在产前和产后发生类似于奶牛产乳热综合征，表现为食欲缺乏，抽搐，肌肉震颤，耳下垂，侧卧躺地，最终死亡。若注射葡萄糖酸钙可在 2 小时内使家兔迅速康复。

过高的钙可引起白色尿液、钙质沉着症和尿结石（图 1-11），导致软组织的钙化和降低磷的吸收；过量的磷可能降低采食量和

降低母兔的多胎率。

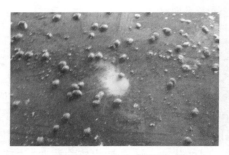

图 1-11   白色的尿液

2. 镁

镁是构成骨骼和牙齿的成分（身体所含镁的 70% 存在于骨骼中），为骨骼正常发育所必需。作为多种酶的活化剂，在糖、蛋白质代谢中起重要作用。保证神经、肌肉的正常机能。

镁的需要量：推荐为 0.34%。

镁不足或过量的危害：镁不足，家兔生长缓慢，食毛，神经、肌肉兴奋性提高，发生痉挛。每千克日粮中含镁量低至 5.6 mg 时，则会发生脱毛，耳朵苍白，被毛结构与光泽变差；过量的镁会通过尿排出，所以，多量添加镁很少导致严重的副作用。

3. 钾

钾在维持细胞内液渗透压、酸碱平衡和神经、肌肉兴奋中起重要作用，同时还参与糖的代谢。钾还可促进粗纤维的消化。

钾的需要量：钾的推荐量为 0.6% ～ 1.0%。

钾不足或过量的危害：缺钾时会发生严重的进行性肌肉不良等病理变化，包括肌肉无力、瘫痪和呼吸性窒迫；钾过量时，采食量下降，肾炎发病率高，还会影响镁的吸收。

4. 钠、氯

钠和氯在维持细胞外液的渗透压中起重要作用。钠和其他离子一起参与维持肌肉、神经正常的兴奋性，参与肌体组织的传递过程，并保持消化液呈碱性。氯则参与胃酸的形成，保证胃蛋白酶作用所必需的 pH 值，故与消化机能有关。

钠和氯的需要量：生长兔、泌乳母兔日粮中推荐量为 0.5% 和 0.3%。

钠和氯不足或过量的危害：长期缺乏钠、氯会影响仔兔的生长发育和母兔的泌乳量，并使饲料的利用率降低。过高时，会引起家兔中毒，病初食欲减退，精神沉郁，结膜潮红，腹泻，口渴；随即兴奋不安，头部震颤，步履蹒跚；严重时呈癫痫样痉挛，呼吸困难；最后因全身麻痹而站立不稳，昏迷而死。

5. 硫

硫的作用主要通过含硫有机物来实现，如含硫氨基酸合成体蛋白、被毛和多种激素。硫胺素参与碳水化合物代谢。硫作为黏多糖的成分参与胶原和结缔组织的代谢等。硫对毛、皮生长有重要的作用，因此，长毛兔、獭兔对硫的需要具有特殊的意义。

硫的需要量：常用日粮中硫的含量一般在 0.2% 以上，一般不需要补充。

硫不足或过量的危害：缺乏时表现皮毛质量下降，表现为粗毛率提高，皮张质量下降，毛兔产毛量下降。

（二）微量元素

微量矿物元素定义为每天需要量以毫克（mg）计算的矿物质元素，并且在饲粮中的含量以毫克／千克（mg/kg）来表达。微量元素包括铁、铜、锰、锌、硒、碘和钴。家兔需要的，但在实际生产条件下不需补充的微量元素有钼、氟和铬。

1. 铁

铁为形成血红蛋白和肌红蛋白所必需，是细胞色素类和多种氧化酶的成分。

家兔能通过胎盘吸收适量的铁。如果给母兔日粮补充适当的铁，则家兔在出生时会有足够的铁储备。因此家兔不像仔猪一样，

其存活需要外源铁的补充。

铁的需要量：推荐每千克日粮中铁为 50 mg/kg。

铁不足或过量的危害：兔缺铁时则发生低血红蛋白性贫血和其他不良现象。兔初生时机体就储有铁，一般断乳前是不会患缺铁性贫血的。

2. 铜

铜是多种氧化酶的组成成分，参与机体许多代谢过程。铜在造血、促进血红素的合成过程中起重要作用。此外，铜与骨骼的正常发育、繁殖和中枢神经系统机能密切相关，还参与毛中蛋白质的形成。

铜的需要量：推荐每千克日粮中铜为 10 mg/kg。铜与钼呈拮抗作用，硫的存在可加剧这种拮抗作用。

铜不足或过量的危害：铜缺乏时，会引起家兔贫血，生长发育受阻，有色毛脱色，毛质粗硬，骨骼发育异常，异嗜，运动失调和神经症状，腹泻及生产能力下降；高铜（100 ～ 400 mg/kg）能够提高家兔的生长性能，但对环境造成污染。

3. 锰

锰参与骨骼基质中硫酸软骨素的形成，为骨骼正常发育所必需。锰与繁殖、神经系统及碳水化合物和脂肪代谢有关。

锰的需要量：为每千克日粮中含 8 ～ 15 mg。

锰不足或过量的危害：家兔缺乏时骨骼发育不正常，繁殖机能降低，表现为腿弯曲，骨脆，骨骼重量、密度、长度及灰分量减少等症状，母兔则表现为不易受胎或生产弱小的仔兔；过量时能抑制血红蛋白的形成，甚至还可能产生其他毒副作用。

4. 锌

锌为体内多种酶的成分，其功能与呼吸有关，为骨骼正常生长和发育所必需，也是上皮组织形成和维持其正常机能所不可缺少的。锌对兔的繁殖有重要的作用。

锌的需要量：一般为 25 ～ 60 mg/kg。高锌对铜的吸收不利，对环境也会造成污染。

锌不足或过量的危害：缺乏时表现为掉毛，皮炎，体重减轻，食欲下降，嘴周围肿胀，下颌及颈部毛湿而无光泽，繁殖机能受阻，母兔拒配，不排卵，自发流产率增高，分娩过程出现大量出血，公兔睾丸和副性腺萎缩等；饲料中钙含量高时，极易出现锌的缺乏症。

5. 硒

硒是机体内过氧化酶的成分，它参与组织中过氧化物的解毒作用，但家兔防止过氧化物损害方面，主要依赖于维生素 E 而不是硒。

硒的需要量：在家兔日粮中补充 0.05 mg/kg 硒是必要的。

硒不足或过量的危害：缺乏时表现皮毛质量下降，表现为粗毛率提高，皮张质量下降，毛兔产毛量下降；过量的硒造成家兔中毒。

6. 碘

碘是甲状腺素的组成部分，碘还参与机体几乎所有的物质代谢过程。

碘的需要量为 0.2 ~ 1.1 mg/kg，若使用海产盐，无须再补加碘源。如果家兔饲喂甘蓝、芜菁和油菜籽等富含甲状腺肿原时，要增加碘的添加量。

碘不足或过量的危害：缺碘时，表现甲状腺明显肿大，当饲喂富含甲状腺肿原物时，这种病的发病率就会增加，母兔生产的仔兔体弱或死胎，仔兔生长发育受阻等；过量碘能使新生的仔兔死亡率增高并引起碘中毒。

7. 钴

钴是维生素 B_{12} 的组成成分，也是很多酶的成分，与蛋白质、碳水化合物代谢有关。家兔消化道微生物利用无机钴合成维生素 B_{12}。

钴的需要量为 0.25 mg/kg。

钴不足或过量的危害：很少患钴缺乏症或中毒。

七、维生素的需要

维生素是一类动物代谢所必需的需要量极少的低分子有机化合物。

（一）维生素的分类、特点和单位

维生素按其溶解性可分为以下两类。

1. 脂溶性维生素

可以溶于脂肪的为脂溶性维生素，包括维生素 A、维生素 D、维生素 E 和维生素 K。一般来说，它们在机体内贮存可观的数量（主要在肝脏和脂肪组织中），故短期内供应不足，家兔不表现缺乏症状，但长期供应不足，就会出现临床症状。脂溶性维生素主要通过胆汁随粪便排出体外。

2. 水溶性维生素

水溶性维生素包括 B 族维生素和维生素 C。水溶性维生素不能在机体内贮存，因此要不断地给动物提供。它是迅速通过尿液排出体外。

此外还有一类物质如胆碱、肌醇等，目前尚未确定为维生素，但在不同程度上具有维生素的属性，故称之为类维生素或假维生素。

维生素单位用国际单位/千克（IU/kg）、毫克/千克（mg/kg）表示。

（二）维生素的营养特点

（1）它们不参与机体的构成，也不是能源物质，主要以辅酶和催化剂的形式广泛参与机体内新陈代谢，从而保证机体组织器官的细胞结构和功能正常。

（2）除胆碱之外，维生素的需要量甚微。动物对维生素每日需要量很微小，一般在毫克或微克水平，但由于它们在体内不能合成或合成量不足，且维生素本身也在不断地进行代谢，因此必须由日粮供给，或者提供其先体物。

（3）维生素缺乏会导致生产性能下降和出现病例症状。供给过量时出现中毒现象。维生素缺乏时主要表现为一般症状，如食欲下降，外观发育不良，生长受阻，饲料利用率下降，生产力下降，对疾病抵抗力下降等非特异性症状。但有的维生素缺乏时可表现出特异性的缺乏症，如干眼病（维生素 A）、佝偻病（维生素 D）、糙皮病（烟酸）等。

维生素过多时会出现中毒现象。脂溶性维生素易在机体内沉积，摄入过量时可引起中毒。而水溶性维生素除维生素 B_{12} 外，几乎不在体内储存，故一般不会出现中毒。

（4）有的维生素需从饲粮中提供，有的则在肠道微生物（或皮肤）中合成。对家兔来说，大多数 B 族维生素通过肠道细菌合成并为机体再利用，哺乳动物和禽类能够合成胆碱，但是合成的 B 族维生素和胆碱可能不能满足高产家兔的需要，因此，额外补充 B 族维生素、胆碱通常是适宜或必要的。尼克酸可以从色氨酸获得，但这一过程的效率很低。维生素 D 可以通过紫外光对皮肤照射形成前体获得。

（三）各种维生素生理功能、推荐量及缺乏症、中毒症（表1-7）

表1-7 维生素生理功能、推荐量及缺乏症、中毒症

种类	生理功能	机体可否合成	推荐量	缺乏症、中毒症	备注
维生素A	防止夜盲症和干眼病，保证家兔正常视力，牙齿正常发育，保护皮肤、消化道、呼吸道和生殖道的上皮细胞完整，增强兔体抗病能力	-	6 000～12 000 IU/kg 饲料	缺乏易引起繁殖力下降（降低母兔的受胎率、产奶量、增加流产率和胎儿吸收率），眼病和皮肤病。过量时易引起中毒反应	
维生素D	对钙、磷代谢起重要作用	+（皮肤）	900～1 000 IU/kg 饲料	缺乏引起生长家兔的软骨病（佝偻病），成年家兔的骨软化症和产后瘫痪；过量时可诱发钙质沉着症。日粮中添加高铜可以抑制沉着症的发生	
维生素E（生育酚）	主要参与维持肌肉的正常繁殖机能和肌肉的正常发育，在细胞内具有抗氧化作用	-	40～60 mg/kg饲料	缺乏主要症状是生长家兔的肌肉萎缩症（营养不良）和繁殖性能下降及妊娠母兔的流产率上升和死胎增加，还可引起心肌损伤、渗出性素质、肝功能障碍、水肿、溃疡和无乳症等。过量易引起中毒	繁殖器官感染和炎症以及患球虫病时，维生素E需求量增加

36

续表

种类	生理功能	机体可合成	推荐量	缺乏症、中毒症	备注
维生素 K	与凝血机制有关，是合成凝血素和其他血浆凝固因子所必需的物质，最新研究表明，也与骨钙素有关	+（肠道微生物）	1～2 mg/kg 饲料	缺乏时，导致生长兔出血，跛行以及妊娠母兔会发生胎盘出血及流产。肝型球虫病和某些含有双香豆素的饲料（如草木樨）能影响维生素 K 的吸收利用	饲料中含有抗代谢药物（如药物、氨丙啉）原料，需增加维生素 K 的补充量
维生素 B_1（硫胺素）	是糖和脂肪代谢过程中某些酶的辅酶	+（肠道微生物）	0.8～1.0 mg/kg 饲料	缺乏时典型症状为神经障碍，心血管损害和食欲缺乏，有时会出现经微的共济失调和松弛性瘫痪等	
维生素 B_2（核黄素）	构成一些氧化还原酶的辅酶，参与各种物质代谢	+（肠道微生物）	3～5 mg/kg 饲料	缺乏表现在眼，皮肤和神经系统以及繁殖性能降低等	
泛酸	辅酶 A 的组成成分，辅酶 A 在碳水化合物，脂肪和蛋白质代谢过程中有着重要的作用	+（肠道微生物）	20 mg/kg 饲料	缺乏时生长缓慢，皮毛受损，神经紊乱，胃肠道紊乱，肾上腺功能受损和抗感染力下降	
生物素（维生素 H）	参与体内许多代谢反应，包括蛋白质与碳水化合物的相互转化和碳水化合物与脂肪的相互转化	+（肠道微生物）	0.2 mg/kg 饲料	缺乏表现皮肤发炎，脱毛和继发性跛行等	饲喂含有抗生物素蛋白的生鸡蛋白时，易出现缺乏症

家兔高效生产学

续表

种类	生理功能	机体可否合成	推荐量	缺乏症、中毒症	备注
维生素 B_5（烟酸、尼克酸）	与体内脂类、碳水化合物、蛋白质代谢有关。其作用是保护组织的完整性，特别是对皮肤、胃肠道和神经系统的组织的完整性起到重要的作用	+（肠道微生物、组织内）	50～180 mg/kg 饲料	缺乏时引起脱毛、皮炎、被毛粗糙、腹泻、食欲缺乏和溃疡性病损。缺乏时，会出现肠道细菌感染和肠道环境的恶化	日粮中色氨酸可以转化为尼克酸
维生素 B_6（吡哆醇）	包括吡哆醇、吡哆醛和吡哆胺。参与有机化合物的代谢。具有提高生长速度和加速血凝速度的作用，对球虫病的损伤有特殊的意义	+（肠道微生物）	0.5～1.5 mg/kg 饲料	吡哆醇缺乏导致生长迟缓、皮炎、惊厥、贫血、皮肤粗糙、脱毛、腹泻和脂肪肝等症状。还可导致眼和鼻周围的发炎、耳周围的皮肤出现鳞状增厚，前肢脱毛和皮肤脱屑	
胆碱	作为磷脂的一种成分来建造和维持细胞结构；在肝脏的脂肪代谢中防止异常脂质的积累；生成能够传递神经冲动的乙酰胆碱；贡献不稳定的甲基，以生成蛋氨酸、甜菜碱和其他代谢产物	在肝脏中合成	200 mg/kg 饲料	缺乏症表现为生长迟缓、脂肪肝和肝硬化，以及肾小管营养不良，发生进行性肌肉萎缩坏死	甜菜碱可以部分取代胆碱的需要（甲基供体）

38

续表

种类	生理功能	机体可否合成	推荐量	缺乏症、中毒症	备注
叶酸	叶酸的作用与核酸代谢有关，对正常血细胞的生长有促进作用	+（肠道微生物）	生长-育肥兔：0.1 mg/kg 饲料；母兔 1.5 mg/kg 饲料	缺乏时，血细胞的发育和成熟受到影响，发生贫血和血细胞减少症	母兔日粮中额外补充 5mg 的叶酸可以提高生产性能和多胎性
维生素 B12（钴胺素、钴维生素）	有增强蛋白质的效率，促进幼小动物生长作用	+（肠道微生物，合成与钴相关）	生长兔：0.01 mg/kg 饲料；母兔 0.012 mg/kg 饲粮	缺乏则生长停滞、贫血、被毛蓬松，皮肤发炎，腹泻，后肢运动失调，母兔窝产仔数减少	日粮中能获得钴的情况下，通过食粪可获得可观数量的维生素 B12
维生素 C（抗坏血酸）	参与细胞间质的生成及体内氧化还原反应，参与胶原蛋白和肉碱性生物的合成，刺激粒性白细胞的吞食活性；防止维生素 E 被水氧化；具有抗热应激的作用	+（肠道微生物）；能够在肝脏中从 D-葡萄糖合成	50～100 mg/kg 饲料	缺乏则发生坏血病，生长停滞，体重降低，关节变软，身体各部出血	添加维生素 C 需采用包被形式，以免被氧化。尤其在潮湿条件下以及铜、铁和其他微量元素接触的情况下

注：＋为可以合成，－为不能合成。

39

第二章
家兔饲料原料与绿色饲料添加剂

饲料是养兔的基础，饲料成本占养兔成本的 60% ～ 70% 及以上。抓好饲料这一环是取得养兔效果和经济效益的重要保证。我国从 2020 年 7 月 1 日起，严禁在饲料中添加促生长药物饲料添加剂（中草药除外），为此必须选择使用高效绿色添加剂以保证兔群安全，产品安全。

第一节　家兔常用饲料原料

一、能量饲料

能量饲料是指饲料干物质中粗蛋白质含量低于 20%，粗纤维含量低于 18% 的饲料原料。主要包括谷实类、糠麸类、脱水块根块茎及加工副产品，动植物油脂以及乳清粉等饲料。能量饲料顾名思义，对动物主要起供能作用。

（一）谷实类饲料

1. 玉米

玉米亦称苞谷、玉蜀黍等，为禾本科玉米属一年生草本植物。玉米产量高，其所含能量浓度在谷类饲料中几乎列在首位，被誉为"饲料之王"。

营养特点：玉米中的养分含量、营养价值见表 2-1。玉米含消化能高，为 13.1 MJ/kg。粗纤维含量低，无氮浸出物高，主要是淀粉，故消化率高。脂肪含量高，其中必需脂肪酸亚 β 油酸含量高。粗蛋白质含量低，仅为 8.5%，且品质差，乃因赖氨酸、蛋氨酸、色氨酸等必需氨基酸含量相对贫乏。黄玉米含有丰富的维生素 A 原（即 ß– 胡萝卜素）和维生素 E（20 mg/kg）。维生素 D、维生素 K 缺乏，维生素 B_1 较多，而维生素 B_2 和烟酸缺乏。含钙极少，仅为 0.02% 左右。含磷约 0.25%，其中植酸磷占 5%～6%。铁、铜、锰、锌、硒等微量元素含量较低。影响玉米营养成分的因素有品种、水分含量、贮藏时间、破碎与否等。

利用注意事项：采购玉米时主要检查容重（≥ 660g/L）、含水量（≤ 14.0%），不完整粒（≤ 8.0%）等指标，是否发霉变质，杂质是否超标等。

家兔日粮中玉米比例以 20%～35% 为宜。

【提示】玉米水分高低简易鉴别法：水分高的玉米，看上去籽粒粒形鼓胀，整个籽粒光泽性强、用手指捏压籽粒感觉较软，用牙齿咬碎时较容易，咬碎时声音低，用指甲掐不费劲等；反之，水分小。

【注意】家兔饲料中玉米比例过高，容易引起盲肠和结肠碳水化合物负荷过重，使家兔出现腹泻，或诱发大肠杆菌和魏氏梭菌等疾病。

表 2-1 一些谷实饲料中的养分含量、营养价值

（%）

饲料名称	干物质	粗蛋白质	粗脂肪	粗纤维	中性洗涤纤维	酸性洗涤纤维	酸性洗涤木质素	灰分	淀粉	钙	总磷	消化能（MJ/kg）
玉米	86.0	8.5	3.5	1.9	9.5	2.5	0.5	1.2	64.0	0.02	0.25	13.10
高粱	87.0	9.0	3.4	1.4	17.4	8.0	0.8	1.8	54.1	0.13	0.36	—
大麦（皮）	87.0	11.0	2.0	4.6	17.5	5.5	0.9	2.2	51.0	0.06	0.36	12.90
小麦	88.0	13.4	1.8	2.2	11.0	3.1	0.9	1.6	60.0	0.04	0.35	13.10
燕麦	88.0	10.6	—	11.1	28.0	13.5	2.2	2.6	37.0	0.01	0.03	10.90
稻谷	87.0	7.8	1.6	8.2	27.4	28.7	—	4.6	—	0.03	0.36	—
碎米	88.0	10.4	2.2	1.1	0.8	0.6	—	1.6	—	0.06	0.35	—

注："—"表示数据不详，含量无或含量极少而不予考虑。

2. 高粱

高粱为禾本科高粱属一年生草本植物。

营养特点：高粱中的养分含量、营养价值见表 2-1。营养成分与玉米相似，主要成分是淀粉，粗纤维少。蛋白质略高于玉米，但品质差，缺乏赖氨酸、精氨酸、组氨酸和蛋氨酸。矿物质含量钙少磷多。维生素中除泛酸含量高，利用率高外，其余维生素含量不高。高粱中主要抗营养因子是单宁（鞣酸），其含量因品种不同而异，一般为 0.2%～3.6%。

利用注意事项：适量的高粱有预防腹泻的作用，过高引起便秘。家兔饲料中以添加 5%～15% 为宜。

【提示】单宁具有苦涩味，对家兔适口性和养分消化利用率均有明显不良影响。

3. 大麦

大麦是皮大麦（普通大麦）和裸大麦的总称。皮大麦籽实外面包有一层种子外壳，是一种重要的饲用精料。

营养特点：大麦中的养分含量、营养价值见表 2-1。大麦的粗蛋白质平均含量为 11%，氨基酸中赖氨酸、色氨酸、异亮氨酸等含量高于玉米，尤其是赖氨酸高出较多，因此，大麦是能量饲料中蛋白质品质较好的一种。粗脂肪含量约 2%，低于玉米的含量，其中一半以上是亚油酸。无氮浸出物含量在 67% 以上，主要是淀粉。粗纤维含量皮大麦 4.6%，裸大麦为 2%。矿物质含量钙为 0.01%～0.04%，磷为 0.33%～0.39%。维生素 B_1 和烟酸含量丰富。

利用注意事项：影响大麦品质的因素有麦角病和单宁。裸大麦易感染真菌中的麦角菌而得麦角病，造成子实畸形并含有麦角毒，该物质能降低大麦适口性，甚至引起家兔中毒。大麦中含有单宁，单宁影响适口性和蛋白质消化利用率。大麦在家兔饲料中可占到 35%。

【注意】麦角毒中毒症状：繁殖障碍，生长受阻，呕吐等。

【提示】大麦种粒可以生芽，可作为家兔缺青季节良好的维生素补充饲料。其具体方法是：先将籽实在 45 ～ 55℃温水中浸泡 36 小时，捞出后以 5 cm 厚平摊在草席上，上盖塑料薄膜，维持 25℃温度，每天用 35℃温水喷洒 5 次，这样 1 周便可发芽，当长到 8 cm 时可采集喂兔。

4. 小麦

小麦是人类的主要粮食之一，极少用作饲料使用，但在小麦价格低于玉米时，也可作为家兔饲料。

营养特点：小麦中的养分含量、营养价值见表 2-1。小麦粗纤维含量与玉米相当，粗脂肪低于玉米，但蛋白质含量高于玉米，为 13.4%，是谷类籽实中蛋白质含量较高者。小麦的能值也较高，与玉米相当。矿物质含量钙少磷多，铁、铜、锰、锌、硒的含量较少。小麦中 B 族维生素和维生素 E 多，而维生素 A 和维生素 D 极少。

利用注意事项：小麦适口性好，家兔饲料中小麦控制在 15% 以内。用小麦作能量饲料，能改善兔用颗粒饲料硬度，减少粉料比例。麦粒也可生芽喂兔。

5. 燕麦

燕麦为禾本科燕麦属一年生草本植物。

营养特点：燕麦中的养分含量、营养价值见表 2-1。燕麦中所含稃壳比例较大，因而其粗纤维含量较高（11.1%），含能值较低；淀粉含量低；蛋白质含量 10.6%，品质差。脂肪中不饱和脂肪酸比例较大，因此不宜久存。

利用注意事项：燕麦的添加量控制在 10% 以内。添加量太高会导致肉品质下降。

6. 稻谷

稻谷为禾本科稻属一年生草本植物。

营养特点：稻谷中的养分含量、营养价值见表 2-1。稻谷粗纤维含量高（8.2%），主要集中在稻壳中，且半数以上为木质素等；有效能值低；粗蛋白质低（7.8%），必需氨基酸如赖氨酸、蛋氨酸、色氨酸等较少。

利用注意事项：家兔饲粮中用稻谷替代部分玉米是可行的。

（二）糠麸类饲料

谷实经加工后形成的一些副产品，即为糠麸类，包括小麦麸、高粱糠、大麦麸、米糠、谷糠等。糠麸主要由种皮、外胚乳、糊粉层、胚芽、颖秤纤维残渣等组成。糠麸成分不仅受原粮种类影响。还受原粮加工方法和精度的影响。与原粮相比，糠麸中粗蛋白质、粗纤维、B族维生素、矿物质等含量较高，但无氮浸出物含量低，故属于一类效能较低的饲料。

1. 小麦麸和次粉

小麦麸和次粉是小麦加工成面粉的副产物。小麦精制过程中可得到23%～25%小麦麸、3%～5%次粉和0.7%～1%胚芽。

营养特点：小麦因加工方法、精制程度、出麸率等的不同，小麦麸、次粉的营养成分差异很大（表2-2）。两者粗蛋白质含量高，分别达15%和14.3%，但品质较差；粗脂肪与玉米相当；粗纤维含量麸皮远高于次粉，分别为9.5%和2.3%。小麦麸维生素含量丰富，特别是富含B族维生素和维生素E，但烟酸利用率仅为35%。矿物质含量丰富，尤其是铁、锰、锌较高，但缺乏钙，磷含量高，钙、磷比例极不平衡，利用时要注意补充钙和磷。次粉维生素、矿物质含量不及小麦麸。麸皮吸水性强，易结块发霉，使用时应注意。

表2-2 小麦麸、次粉的营养成分 （%）

成分	小麦麸	次粉	成分	小麦麸	次粉
干物质	87.0	87.9	粗纤维	9.5	2.3
粗蛋白质	15.0	14.3	无氮浸出物	54.9	65.4
粗脂肪	2.7	2.4	粗灰分	4.9	2.2

利用注意事项：小麦麸适口性好，是家兔良好的饲料。由于小麦麸物理结构疏松，含有适量的粗纤维和硫酸盐类，有轻泻作用，喂兔可防便秘。同时也是妊娠后期母兔和哺乳母兔的良好饲料。家兔饲料中可占 10%～ 20%。次粉喂兔营养价值与玉米相当，是很好的颗粒饲料黏结剂，可占饲料 10%。

【注意】小麦麸因其营养成分与家兔营养需要基本相近，因此设计饲料配方时可多可少，最后不足部分用麸皮来弥补。

【提示】小麦麸结块、霉变等禁止使用。

2. 米糠和脱脂

米糠稻谷脱去壳后果实为糙米，糙米再经精加工成为精米，是人类的主食。

米糠的加工过程如下：

$$稻谷 \xrightarrow{\text{脱壳}} 糙米 \xrightarrow{\text{精制}} 精米$$

谷壳　　　　　米糠

按此工艺得到谷壳和米糠两种副产物。谷壳亦称砻糠，营养价值极低，可作为家兔粗饲料。米糠由糙米皮层、胚和少量胚乳构成，占糙米比重 8%～ 11%。

一些小型加工厂则采用由稻谷直接出精米工艺，得到的副产品谷壳、碎米和米糠的混合物为连糟糠或统糠。一般 100 kg 稻谷可得统糠 30 ～ 35 kg，精米 65 ～ 70 kg。统糠属于粗饲料，营养价值低。

生产上也有将砻糠和米糠按一定比例混合的糠，如二八糠、三七糠等，营养价值取决于砻糠的比例。脱脂米糠系米糠脱脂后的饼粕，用压榨法取油后的产物为米糠饼，用有机溶剂取油后的产物为米糠粕。

营养特点：米糠及其饼粕的营养成分见表 2-3。

表 2-3　米糠及其饼粕的营养成分　　　　　（%）

成分	米糠粉	米糠饼	米糠粕
干物质	87.0	88.0	88.0
粗蛋白质	12.9	14.7	16.3
粗脂肪	16.5	9.1	2.0
粗纤维	5.7	7.1	7.5
无氮浸出物	44.4	48.7	51.5
粗灰分	7.5	8.4	9.7
钙	0.08	0.12	0.11
磷	1.33	1.47	1.58
铁（mg/kg）	329.8	422.4	711.8
锰（mg/kg）	193.6	217.07	272.4

　　米糠的蛋白质及赖氨酸含量高于玉米。脂肪含量高达16.5%，且大多属不饱和脂肪酸。粗纤维含量不高。米糠含钙偏低，而含磷高，但利用率不高。微量元素中铁、锰含量丰富，而铜偏低。米糠富含 B 族维生素，而缺少维生素 A、维生素 C 和维生素 D。

　　与米糠相比，脱脂米糠的粗脂肪含量大大减少，特别是糠粕中脂肪含量仅有 2% 左右，粗纤维、粗蛋白质、氨基酸、微量元素等均有所提高，但有效能值下降。

　　米糠中除胰蛋白酶抑制剂、植酸等抗营养因子外，还有一种尚未得到证实的抗营养因子。

　　利用注意事项：米糠是能值最高的糠麸类饲料。新鲜米糠的适口性较好，但由于米糠含脂肪较高，且主要是不饱和脂肪酸，容易发生氧化酸败和水解酸败，易发热和霉变。据试验，碾磨后放置 4 周即有 60% 的油脂变质。据笔者观察，变质的米糠适口性变差，甚至会引起青年兔、成年兔腹泻死亡。因此，一定要使用新鲜米糠，禁止用陈米糠喂兔。

安全有效地利用米糠有以下几种方法。

①使用新鲜米糠，即把碾米厂的"出料"与家兔养殖场的"进料"结合起来，不贮存米糠。

②使用脱脂米糠，易于长期保存，适口性良好，可安全使用。

③米糠中按 250 mg/kg 剂量添加乙氧喹能有效防止米糠酸败。米糠或脱脂米糠可占家兔饲料 10%～15%。

3. 小米糠

又称细谷糠，是谷子脱壳后制小米分离出的部分。

营养特点：营养价值较高，其中含粗蛋白质 11%，粗纤维约 8%，总能为 18.46 MJ/kg，含有丰富的 B 族维生素，尤其是硫胺素、核黄素含量高，粗脂肪含量也很高，故易发霉变质，使用时要特别注意。

利用注意事项：小米糠可占日粮的 10%～15%。选购新鲜小米糠作饲料。

与小米糠相比，小米壳糠营养价值较低，含粗蛋白质 5.2%，粗脂肪 1.2%，粗纤维 29.9%，粗灰分 15.6%，也可用来喂兔，可占日粮的 10% 左右。

4. 玉米糠

玉米糠是干加工玉米粉的副产品，含有种皮、一部分麸皮和极少量的淀粉屑。

营养特点：玉米糠含粗蛋白质 7.5%～10%，粗纤维 9.5%，无氮浸出物的含量在糠麸类饲料中最高，为 61.3%～67.4%，粗脂肪为 2.6%～6.3%，且多为不饱和脂肪酸。有机物消化率较高。

利用注意事项：据报道，生长兔日粮加入 5%～10%，妊娠兔日粮加入 10%～15%，空怀兔日粮加入 15%～20% 玉米糠，效果均较好。

5. 高粱糠

高粱糠是高粱精制时产生的，含有不能食用的壳、种皮和一部分粉屑。

营养特点：高粱糠含总能 19.42MJ/kg，粗蛋白质 9.3％，粗脂肪 8.9％，粗纤维 3.9％，无氮浸出物 63.1％，粗灰分 4.8％，钙 0.3％，磷 0.4％。

利用注意事项：因高粱糠中含单宁较多，适口性差，易致便秘，此外高粱糠极不耐贮存。高粱糠一般占家兔日粮 5％～ 8％。

（三）其他能量饲料

1. 甜菜渣

甜菜渣是以甜菜为原料制糖后的残渣干燥获得的产品。

营养特点：甜菜渣的营养成分见表 2-4。

表 2-4　甜菜渣的营养成分　　（％）

类别	干物质	粗蛋白质	粗脂肪	粗纤维	无氮浸出物	粗灰分	钙	磷
湿甜菜渣	16.50	1.29	0.116	3.73	9.59	0.71	0.11	0.02
干甜菜渣	91.00	8.80	0.50	18.00	58.90	4.80	0.68	0.09

利用注意事项：甜菜渣中的粗纤维与农作物秸秆中的粗纤维不同，其消化率很高，达 74％，因此使用甜菜渣时不要把其粗纤维含量计算在日粮内。甜菜渣有甜味，适口性好，兔喜食。国外养兔业中，甜菜渣广泛使用，一般可占日粮 16％左右，最高可达 30％。

2. 饴糖渣

饴糖渣是以大米、糯米、玉米、大麦等粮食生产饴糖时的副产物。饴糖是制造糖果和糕点的主要原料。

营养特点：饴糖渣的营养成分随原料、加工工艺不同而有所不同（表 2-5）。

表 2-5　饴糖渣一般营养成分　　　　　　（%）

类别	干物质	粗蛋白质	粗脂肪	粗纤维	无氮浸出物	粗灰分
大米饴糖渣	14.0	1.4	0.8	0.4	17.1	0.3
玉米饴糖渣	18.5	4.8	0.4	0.6	12.0	0.7

利用注意事项：刚生产出来的饴糖渣水分含量较大，不易保存，必须加以干燥。烘干后的饴糖渣粗蛋白质含量高，粗纤维含量较低，与饼粕类相接近，是家兔的好精料。饴糖渣味甜，适口性好，特别适合于家兔，尤其是育肥兔，可占日粮 20% 以上。

3. 糖蜜

糖蜜是制糖的副产品，依制糖原料不同，可分为甘蔗糖蜜、甜菜糖蜜。糖蜜除可供制酒精、味精及培养酵母之用外，还可作饲料及颗粒饲料粘合剂。

营养特点：糖蜜中均含有少量蛋白质，为 4%～10%，蛋白质多属非蛋白氮；主要成分为糖类，含 46%～48%，所含糖几乎全部属蔗糖；矿物质含量高，主要为钠、氯、钾、镁等，尤以钾含量最高，含 3.6%～4.8%，尚有少量钙、磷；含有较多的 B 族维生素。另外，糖蜜中还含有 3%～4% 可溶性胶体。

利用注意事项：糖蜜既可为兔提供能量，同时，因其具有一定的黏度，也可用于兔颗粒饲料黏结剂，改善颗粒料的质量。兔喜食甜食，兔饲粮中添加糖蜜又可提高日粮适口性。糖蜜和高粱配合使用可中和高粱所含单宁酸，提高高粱使用量。糖蜜具有轻泻作用，饲喂量大时粪便变稀。

据报道，家兔日粮中添加 4% 糖蜜，增重提高 28.9%（$P<0.05$），采食量提高 4%，料重比下降 21.33%（$P<0.05$）。国外资料报道，兔日粮中糖蜜比例一般为 2%～5%。

注意：糖蜜黏稠度大，加入饲料中不易混匀，需要特殊的设备如油添系统。

4.苹果渣

苹果渣是苹果榨汁后的副产品，主要由果皮、果核和残余的果肉组成，约占鲜果重的25%。我国年产苹果约2 000万t，加工苹果每年排出的苹果渣达100多万t。

营养特点：苹果渣的营养成分见表2-6。

表2-6 苹果渣常规养分分析 （%）

样品	水分	以干物质为基础				钙	磷	备注	资料来源
		粗蛋白质	粗纤维	粗脂肪	粗灰分				
1	77.40	6.20	16.90	6.80	2.30	0.06	0.06	湿态	杨福有（2000）
2	10.20	4.78	14.72	4.11	4.52			晾干	李志西（2002）

利用注意事项：Sawal（1995）用含干苹果渣0%、10%、20%和30%的全价料饲喂42日龄的青紫蓝公兔，结果表明，各组公兔生长发育良好；尽管添加到30%时，并不影响采食量、生长及饲料转化率，但蛋白质利用率却降低。最后确定，苹果渣在兔日粮中所占比例以11.3%为最好。Cippert等（1986）用苹果渣代替兔日粮中10%、20%的苜蓿草粉，发现日粮中使用苹果渣大大降低了胃肠道疾病的发病率和死亡率，用10%的苹果渣代替兔日粮中苜蓿粉是适宜的。

5.玉米胚芽粕

玉米胚芽粕是以玉米胚芽为原料，经压榨或浸提取油后的副产品。在生产玉米淀粉之前将玉米浸泡、破碎、分离胚芽，然后取油，取油后既得玉米胚芽（饼）粕。加工过程分干法和湿法两种，大部分产品为能量饲料。

营养特点：玉米胚芽（饼）粕色泽微淡黄色至褐色。玉米胚芽饼粕营养成分见表2-7。含粗蛋白质18%～20%，氨基酸组成较佳，尤其是赖氨酸和色氨酸相对含量较高。其虽属饼粕类但按

照国际饲料分类原则属于中档能量饲料，且适口性好，价格低廉及蛋白质含量高，在动物饲料中应用广泛。

表2-7　玉米胚芽（饼）粕营养成分（中国饲料数据库，2009，第20版）

营养成分	玉米胚芽饼	玉米胚芽粕
干物质	90.0	90.0
粗蛋白质	16.7	20.8
粗脂肪	9.6	2.0
粗纤维	6.3	6.5
无氮浸出物	50.8	54.8
粗灰分	6.6	5.9
中性洗涤纤维	28.5	38.2
酸性洗涤纤维	7.4	10.7
钙	0.04	0.06
磷	1.45	1.23
赖氨酸	0.7	0.75
色氨酸	0.16	0.18

利用注意事项：玉米胚芽粕可在家兔饲料中占 5% ～ 8%。使用时选择大型企业的产品，质量可得到保障。

6. 油脂

油脂按照来源可分为四类。

（1）动物油脂。用家畜、家禽和鱼体（含内脏）提取的一类油脂，成分以甘油三酯为主，另含少量的不皂化物和不溶物等。

（2）植物油脂。这类油脂是从植物种子提取而得，主要成分为甘油三酯，另含有植物固醇和蜡质成分。大豆油、菜籽油、棕榈油等是其代表。

（3）饲料级水解油脂。这类油脂是指制取食用油或市场肥皂过程中所得的副产品，主要成分为脂肪酸。

（4）粉末状油脂。即对油脂进行特殊处理，使其成为粉末状。这类油脂便于包装、运输贮存和使用。

营养特点：油脂的能值含量很高。其总能和有效能远比一般的能量饲料高。如动物脂肪的消化能为 33.45MJ/kg；大豆油的消化能为 35.55 MJ/kg。因此油脂是配制高能量日粮的首选原料。添加油脂能促进脂溶性维生素的吸收；延长饲料在消化道内的停留时间，从而提高饲料养分的消化率和吸收率；供给动物必需脂肪酸，同时提高日粮适口性等。

利用注意事项：家兔不喜食动物饲料，建议以添加植物油为宜。用植物油替代玉米，降低玉米比例可以降低消化道疾病发生率。推荐家兔日粮中植物油的添加比例为 0.5% ～ 1.5%。油脂添加过高日粮不宜颗粒化。

【注意】油脂要保存在非铜质的密闭容器中；为防止油脂酸败，可添加 0.01% 的抗氧化剂，如丁基羟基茴香醚（BHA）或二丁基羟基甲苯（BHT）。

二、蛋白质饲料

蛋白质饲料是指饲料干物质中粗蛋白质含量大于或等于 20%，粗纤维含量低于 18% 的饲料原料，如豆（饼）粕、菜籽（饼）粕、棉籽（饼）粕、鱼粉以及工业合成的氨基酸等。

（一）植物性蛋白质饲料

植物性蛋白质饲料包括豆类籽实、饼粕类和其他植物性蛋白饲料，是家兔使用量最多、最常用的蛋白质饲料。该类饲料蛋白质含量高，且品质好；脂肪含量变化大；粗纤维一般含量低；钙少磷多，且主要为植酸磷；B 族维生素含量高，而维生素 A、维生素 D 较缺乏；大多数含有一些抗营养因子等特点。

1. 大豆及豆饼、豆粕

大豆是重要的油料作物之一。大豆分为黄大豆、青大豆、黑大豆、其他大豆和饲用豆（秣食豆）五类，其中比例最大的是黄

大豆。大豆价格较高，故一般不直接用作饲料，而用其榨油后的副产品－豆饼、豆粕。

大豆经压榨法或夯榨法取油后的副产品为豆饼，而经浸提法或预压浸提法取油后的副产品为豆粕。压榨法的脱油率低，饼内残留4％以上的油脂，可利用能量高，但油脂易酸败。浸提法多用有机溶剂正己烷来脱油，比压榨法多出油4％以上，粕中残油少（1％左右），易于保存。预压浸提法是将提高出油率和饼粕质量结合起来考虑的一种先进工艺。

营养特点：一些豆类及饼粕营养成分和营养价值见表2-8和表2-9。

大豆：大豆蛋白质含量高，35％左右，黑大豆略高于黄大豆，主要由球蛋白质和清蛋白质组成，品质优于各类蛋白质。必需氨基酸含量高，尤其是赖氨酸含量高达2％以上，但蛋氨酸含量低。粗纤维含量不高，在4％左右。脂肪含量高达17％，可利用能值高于玉米，其消化能为17.35MJ/kg，属于高能高蛋白质饲料。大豆脂肪酸中约85％属不饱和脂肪酸，亚油酸、亚麻酸含量较高，营养价值高，且含有一定量的磷脂，具有乳化作用。黑大豆粗纤维含量高于黄大豆，粗脂肪略低，可利用能值小于黄大豆。大豆无氮浸出物仅26％左右。粗灰分含量与各类籽实相似，同样钙少磷多，且大部分为植酸磷，但钙含量高于玉米，微量元素中仅铁含量高。

表2-8　国产黄豆、黑豆、豆饼、豆粕营养成分　　（％）

种类	二级黄豆①	二级黑豆②	二级豆饼	二级豆粕③
干物质	87.0	87.0	87.0	87.0
粗蛋白质	35.0	35.7	40.9	43.0
粗脂肪	17.1	15.1	5.3	2.1
粗纤维	4.4	5.8	4.7	4.8
无氮浸出物	36.2	26.3	30.4	31.6

续表

种类	二级黄豆①	二级黑豆②	二级豆饼	二级豆粕③
粗灰分	4.3	4.1	5.7	5.5
苏氨酸	1.45	1.26	1.41	1.88
胱氨酸	0.55	0.65	0.01	0.66
缬氨酸	1.82	1.38	1.66	1.96
蛋氨酸	0.49	0.27	0.59	0.64
赖氨酶	2.47	2.00	2.38	2.45
异亮氨酸	1.61	1.36	1.53	1.76
亮氨酸	2.69	2.42	2.69	3.20
酪氨酸	1.25	1.18	1.50	1.53
苯丙氨酸	1.85	1.56	1.75	2.18
组氨酸	0.91	0.79	1.08	1.07
色氨酸	2.73	2.43	2.47	3.12

注：①赵洪儒等（1992）；②张兆兰等（1992）；③朱世勒等（1992）

表 2-9 一些豆类及饼粕营养成分和营养价值

（%）

饲料名称	干物质	灰分	粗蛋白质	粗脂肪	粗纤维	中性洗涤纤维	酸性洗涤纤维	酸性洗涤木质素	淀粉	钙	总磷	消化能（MJ/kg）
大豆	90.0	4.7	35.9	19.3	5.6	11.7	7.3	0.8	—	0.25	0.56	17.35
大豆粕	90.0	6.8	43.2	1.8	7.7	16.1	10.0	0.8	—	0.29	0.6	13.35
菜籽粕	90.0	6.8	36.1	2.5	12.1	27.7	18.9	8.6	—	0.7	1.0	11.35
向日葵仁粕	90.0	6.8	27.9	2.7	25.2	42.8	30.2	10.1	—	0.35	1.0	9.60
玉米 DDGS	90.0	6.0	25.3	9.0	8.1	31.6	8.9	1.2	10.5	0.14	0.73	12.70
动物脂肪	99.5	—	—	99.0	—	—	—	—	—	—	—	33.45
大豆油	99.5	—	—	99.0	—	—	—	—	—	—	—	35.55

注："—"表示数据不详，含量无或含量极少而不予考虑。

豆饼粕：与大豆相比，豆饼、豆粕中除脂肪含量大大减少外，其他营养成分并无实质性差异，蛋白质和氨基酸含量比例均相应增加，而有效能值下降，为 13.35MJ/kg，但仍属高能饲料。豆饼和豆粕相比，后者的蛋白质和氨基酸略高些，而有效能值略低些。生大豆中存在多种抗营养因子。

利用注意事项：豆饼粕可占到饲料比例的 10%～20%。目前发酵豆粕使用量呈上升的趋势。

【注意】生豆、生豆饼中含有抗营养因子，主要为胰蛋白酶抑制因子、大豆凝集素、胃肠胀气因子、植酸等，对家兔健康和生产性能有不利影响，故不能直接用来喂兔，可用热处理过的大豆及豆饼粕喂兔。

2. 花生仁（饼）粕

花生仁（饼）粕是指脱壳后的花生仁经脱油后的副产品。

营养特点：花生仁（饼）粕营养成分见表 2-10。

表 2-10　花生饼、粕的常规成分（干物质中）　　　　（%）

种类	粗蛋白质	粗纤维	粗脂肪	粗灰分
花生饼	50.8	6.6	8.1	5.7
花生粕	54.3	7.0	1.5	6.1

花生饼蛋白质含量高，比豆饼高 3～9 个百分点，但所含蛋白质以不溶于水的球蛋白为主（占 65%），白蛋白仅 7%，故蛋白质品质低于大豆蛋白质。氨基酸组成不佳，赖氨酸和蛋氨酸偏低，而精氨酸含量很高。粗脂肪含量一般为 4%～8%，脂肪酸以油酸为主，为 53%～58%，容易发生酸败。矿物质中钙少磷多，铁含量较高。

花生粕除脂肪含量较低外，与花生饼的营养特性并无实质差异。

营养利用情况：花生饼粕适口性极好，有香味，家兔特别喜

欢采食，可占到家兔饲料的 5%～ 15%。考虑到霉菌毒素的危害，建议在幼兔中控制添加比例，同时应与其他蛋白质饲料配合使用。

注意：花生饼、粕极易感染黄曲霉，产生黄曲霉毒素，可引起家兔中毒和人患肝癌。为避免黄曲霉的产生，花生饼、粕的水分含量不得超过 12%，并应控制黄曲霉毒素的含量。

3. 葵花籽饼（粕）

葵花籽即向日葵籽，一般含壳 30 %～ 32 %，含油 20%～ 32%，脱壳葵花籽含油可达 40%～ 50%。葵花籽榨油工艺有：压榨法、预榨 - 浸出法、压榨 - 浸出法。葵花籽壳的粗纤维含量高达 64%（干物质中），而蛋白质、脂肪等含量低，因此脱壳与否对葵花籽饼（粕）的营养价值影响很大。

表 2-11　葵花籽饼、粕的一般成分　　　　（%）

成分	未脱壳葵花籽		脱壳葵花仁	
	饼	粕	饼	粕
水分	10.0	10.0	10.0	10.0
粗蛋白质	28.0	32.0	41.0	46.0
粗纤维	24.0	22.0	13.0	11.0
粗脂肪	6.0	2.0	2.0	3.0
粗灰分	6.0	6.0	7.0	7.0
钙	–	0.56	–	–
磷	–	0.90	–	–

营养特点：从表 2-11 中可以看出，葵花籽饼（粕）的蛋白质含量均较高，但粗纤维也均较高，而脱壳后的葵花仁饼（粕）的粗蛋白质高达 41% 以上，与豆饼（粕）相当。葵花籽饼（粕）缺乏赖氨酸、苏氨酸。

利用注意事项：国内目前的榨油工艺一般都残留一定量的壳，因此在选购时应注意每批葵花籽饼（粕）中壳仁比，测定其蛋白质含量，以便确定其价格及在家兔饲料中所占比例。

葵花籽饼（粕）在家兔日粮中可占20%以内。

4. 芝麻饼

芝麻饼是芝麻榨油后的副产品。

营养特点：芝麻饼营养成分见表2-12。其粗蛋白质含量达40%以上，与豆饼相近。蛋氨酸含量较高，可达0.8%以上，是所有植物性饲料中蛋氨酸含量最高的。色氨酸含量也较高，但赖氨酸含量低，仅1%左右，而精氨酸含量高，在4%左右。芝麻饼的钙含量较高，远高于其他饼、粕类饲料。磷含量也高，并以植酸磷形式存在为主。

利用注意事项：芝麻饼在家兔饲料中可占5%～12%。注意补充赖氨酸。

表2-12　芝麻饼的一般成分　　　　　　　　　　（%）

成分	平均值	范围	成分	平均值	范围
水 分	7.0	6.1-11.0	粗灰分	11.0	10.5～12.0
粗蛋白质	14.0	12.0-16.0	钙	2.0	1.90～2.25
粗纤维	6.0	4.0-6.5	磷	1.3	1.25～1.75

5. 棉籽饼、粕

棉籽经脱壳取油后的副产品。我国棉籽饼、粕的总产量仅次于豆饼、粕，是廉价的蛋白质来源。

营养特点：棉籽饼、粕营养成分含量见表2-13。

表2-13　棉籽饼、粕常规营养成分含量（国产）　　　（%）

成分	棉籽饼	棉籽粕	成 分	棉籽饼	棉籽粕
干物质	88.0	88.0	粗脂肪	6.1	0.8
粗蛋白质	34.0	38.9	无氮浸出物	22.6	27.0
粗纤维	15.3	13.0	粗灰分	5.3	6.1

棉籽饼、粕的粗纤维含量达13%以上，因而有效能值低于大豆饼、粕。棉籽饼中粗脂肪残留率高于棉籽粕。残留脂肪可提高饼、粕能量浓度，且是维生素E和亚油酸的良好来源。棉籽饼、粕的蛋白质含量高达34%以上，但赖氨酸含量较低，仅为1.3%～1.5%，只相当于豆饼、粕中的50%～60%。蛋氨酸含量也低，只有0.36%～0.38%。但精氨酸含量高达3.67%～4.14%，是饼粕饲料精氨酸含量较高的饲料。矿物质含量与豆饼相当。

利用注意事项：棉籽饼、粕中抗营养因子有游离棉酚、环丙烯脂肪酸、单宁和植酸等，最主要的是游离棉酚。为了降低饲养成本，可用脱毒棉籽饼、粕或用低酚品种棉籽饼、粕替代部分豆饼。建议商品兔日粮中用量为10%以下，种兔（包括母兔、公兔）用量不超过5%，且不宜长期饲喂。同时，日粮中要适当添加赖氨酸、蛋氨酸。

6. 亚麻籽饼

亚麻籽饼是亚麻籽经取油后获得的副产品。亚麻是我国高寒地区主要油料作物之一，按其用途分为纤维用型、油用型和兼用型三种。我国种植多为油用型，主要分布在西北地区。纤维用型主要分布在黑龙江、吉林等省。

营养特点：亚麻籽饼常规成分见表2-14。

表2-14 国产亚麻籽饼的常规成分 （%）

成 分	含 量	成 分	含 量
干物质	88.0	无氮浸出物	33.4
粗蛋白质	32.2	粗灰分	6.3
粗脂肪	7.6	钙	0.12
粗纤维	8.4	磷	0.88

亚麻籽饼含粗蛋白质为32%左右，但品质较差，赖氨酸含量较低，粗脂肪含量较高，粗纤维低于菜籽饼，因而有效能值较高。

利用注意事项：家兔日粮中亚麻籽饼比例不宜超过 10%。

注意：亚麻籽尤其是未成熟的种子含有亚麻糖苷，称生氰糖苷，本身无毒，但在适宜的条件下，如在温度 40～50℃，pH 值 2～8 时，易被亚麻种子本身所含的亚麻酶分解，产生氢氰酸。氢氰酸具有毒性，喂量过多，引起兔肠黏膜脱落、腹泻，很快死亡。此外，亚麻籽饼中还含有抗维生素 B_6 的因子。

7. 胡麻饼

胡麻饼是胡麻籽经取油后的副产品。胡麻籽是以亚麻籽为主，混杂有芸芥籽及菜籽等混合油料籽实的总称，混杂比例因地区条件而各异，一般为 10%，高者达 50%。混杂的原因有：①因芸芥籽等耐干旱，所以在干旱地区种植油用亚麻时有意掺入芸芥籽等种子，以保证即使在干旱时也有好收成；②芸芥籽油沸点高于亚麻籽油，因而用含少量芸芥籽油的亚麻油来烹炸食品时，有利于食品上色；③加工部门收购后造成混杂。

营养特点：胡麻饼营养成分因亚麻籽和芸芥籽等的比例不同而异，典型的胡麻饼营养成分见表 2-15。可知胡麻饼与亚麻饼营养成分差异不大。胡麻饼中除含有亚麻饼的抗营养因子氢氰酸外，还含有来自芸芥籽等的抗营养因子。

据本团队（2020）对胡麻饼进行测定，其营养成分见表 2-15。

利用注意事项：据测定，胡麻饼的氢氰酸含量低于国标，应比较安全，家兔的日粮添加比例应小于 8%。

表 2-15　典型胡麻饼样品的营养成分　　　　　（%）

成分	干物质	粗蛋白质	粗脂肪	粗纤维	粗灰分	中性洗涤纤维	酸性洗涤纤维	钙	磷
含量	91.96	32.49	15.24	9.77	7.56	51.32	37.82	0.48	1.48

8. 芸芥籽饼

芸芥籽饼系芸芥籽取油后的副产品。

营养特点：芸芥籽饼营养成分见表2-16。

表2-16　芸芥籽饼营养成分　　　　　　（%）

成分	粗蛋白质	粗纤维	无氮浸出物	粗灰分
含量	45.2	12.8	32.6	8.4

芸芥籽饼的蛋白质含量高，达45%左右，粗纤维含量高，与菜籽饼一样，存在噁唑烷硫酮和异硫氰酸脂等抗营养因子，因此家兔应限量饲喂。

9. 玉米蛋白粉

又称玉米面筋，是生产玉米淀粉和玉米油的同步产品，为玉米除去淀粉、胚芽及外皮后剩下的产品，但一般包括部分浸渍物或玉米胚芽粕。

营养特点：正常玉米蛋白粉的色泽为金黄色，蛋白质含量越高，色泽越鲜艳，按加工精度不同，分为蛋白质含量41%以上和60%以上两种规格（营养成分见表2-17）。

表2-17　玉米蛋白粉的常规成分　　　　　　（%）

成分	玉米蛋白粉 CP>60%		玉米蛋白粉 CP>41%	
	期待值	范围	期待值	范围
水分	10.0	9.0～12.0	10.0	9.0～12.0
粗蛋白质	65.0	60.0～70.0	42.0	41.0～45.0
粗脂肪	3.5	1.0～5.0	2.0	1.0～3.5
粗纤维	1.0	0.5～2.5	4.5	3.0～6.0
粗灰分	2.1	0.5～3.7	3.5	2.0～4.0
钙	－	－	0.1	0.1～0.3
磷	－	－	0.4	0.25～0.7
叶黄素（mg/kg）	250	150～350	150	100～200

玉米蛋白粉的蛋氨酸含量很高，但赖氨酸和色氨酸含量严重不足，精氨酸含量高。由黄玉米制成的玉米蛋白粉含有很高的类胡萝卜素，水溶性维生素、矿物质含量少。

利用注意事项：玉米蛋白粉属高蛋白、高能量饲料，适用于家兔，可节约蛋氨酸，可占家兔日粮的5%～10%。

10. 干全酒糟（DDGS）

脱水酒精糟（distiller's dried grains，DDG），又名干酒精糟，为酵母发酵的谷物籽实生产酒精时，经粉碎、发酵、蒸馏，再过滤出酒精以后所获得的干酒糟。脱水后的酒精发酵副产品中的可溶性物质（drieddistiller's solubles，DDS）由除去固形物部分的残液浓缩和干燥而得。DDGS（distillers dried grains，with solubles）是DDG和DDS的混合物，为含可溶性的谷物干酒糟，是用谷物生产酒精的过程中，通过微生物发酵后，经蒸馏、蒸发、干燥后而形成，是目前市场上的主要产品。

营养特性：不同原料生产的DDGS营养成分不同，见表2-18。

表2-18 不同原料DDGS营养成分比较 （%）

营养成分	玉米DDGS	小麦DDGS	高粱DDGS	大麦DDGS
干物质	90.20	92.48	90.31	87.50
粗蛋白质	29.70	38.48	30.30	28.70
中性洗涤纤维	38.80	—	—	56.30
酸性洗涤纤维	19.70	17.10	—	29.20
粗灰分	5.20	5.45	5.30	—
粗脂肪	10.00	8.27	15.50	—
钙	0.22	0.15	0.10	0.20
磷	0.83	1.04	0.84	0.80

与原料（谷物）相比，DDGS营养成分特点：低淀粉、高蛋白质，高脂肪和可消化纤维以及高有效磷含量，且不含抗营养因

子，适合喂养畜禽，但在使用时必须考虑到其原料营养成分变异较大，赖氨酸及其他成分的利用率低等因素，并根据研究成果确定不同动物的饲料中适当的添加比例。

利用注意事项：据报道，奶牛精料中添加10%DDGS，产奶量增加；猪饲料中添加20%，对猪生产性能无影响，家兔日粮中的添加量可以参考以上资料进行适当添加。

注意：DDGS营养成分不稳定；因贮存不当造成DDGS中霉菌毒素不同程度增大，利用时要多加关注。

11. 绿豆蛋白粉

绿豆蛋白粉是从绿豆浆中提炼加工出来的一种饲料。

营养特点：绿豆蛋白粉营养成分见表2-19。

表2-19　绿豆蛋白粉营养成分　　　　　　　（%）

成分	水分	粗蛋白质	粗脂肪	粗纤维	粗灰分
含量	11.3	64.54	0.9	3.3	3.7

绿豆蛋白粉中虽然蛋白质含量高达65%，但蛋氨酸、胱氨酸含量低。粗纤维含量低。

利用注意事项：配合兔饲料时，要添加蛋氨酸。使用时，严禁使用色黑味臭、发霉的绿豆蛋白粉。家兔配合日粮中比例一般为5%～10%。

12. 豆腐渣

豆腐渣是制造豆腐的副产品。豆腐渣内容物包括大豆的皮糠层及其他不溶性部分。

营养特点：新鲜豆腐渣的含水量较多，可达78%～90%。干物质中粗蛋白质、粗脂肪多，粗纤维也稍多，兼具能量饲料、蛋白质饲料的特点。其营养成分因原料大豆和豆腐的制造方法不同而有差异。从总体上讲，豆腐渣易消化，是富于营养的好饲料（表2-20）。

表2-20 豆腐渣的营养成分 （％）

成分	豆腐渣（湿）	豆腐渣（干）	成分	豆腐渣（湿）	豆腐渣（干）
干物质	16.1	82.1	粗灰分	0.7	3.6
粗蛋白质	4.7	28.3	钙	–	0.41
粗脂肪	2.1	12	磷	–	0.34
粗纤维	2.6	13.9	赖氨酸	0.18	1.54
无氮浸出物	6.0	34.1	蛋＋胱氨酸	0.07	0.59

利用注意事项：在利用豆腐渣喂兔时要注意两点：一是因豆腐渣中也含有抗胰蛋白酶等有害因子，故需加热煮熟利用；二是在目前主要饲喂新鲜豆腐渣的情况下，注意豆腐渣的品质，尤其在夏天特别容易腐败，所以生产出来以后必须尽快喂用，数量较大时也可晒干饲喂，干豆腐渣可占兔日粮10％～20％。

（二）动物性蛋白质饲料

动物性蛋白质饲料指渔业、肉食或乳品加工的副产品。该类饲料蛋白质含量极高（55.6％～84.7％），品质好，赖氨酸的比例超过家兔的营养需要量。粗纤维极少，消化率高。钙、磷含量高且比例适宜。B族维生素尤其是维生素B_2（核黄素）、维生素B_{12}含量相当高。

1. 鱼粉

鱼粉是以全鱼为原料，经过蒸煮、压榨、干燥、粉碎加工之后的粉状物。这种加工工艺所得鱼粉为普通鱼粉。如果把制造鱼粉时产生的煮汁浓缩加工，做成鱼汁，添加到普通鱼粉里，经干燥粉碎，所得鱼粉叫全鱼粉。以鱼下脚（鱼头、尾、鳍、内脏等）为原料制得的鱼粉叫粗鱼粉。各种鱼粉中以全鱼粉品质最好，普通鱼粉次之，粗鱼粉最差。

营养特点：鱼粉的营养价值因鱼种、加工方法和贮存条件

不同而有较大差异。鱼粉的蛋白质含量 40%～70% 不等，进口鱼粉一般在 60% 以上，国产鱼粉约 50%。鱼粉蛋白质品质好，氨基酸含量高，比例平衡，进口鱼粉赖氨酸含量高达 5% 以上，国产鱼粉 3%～3.5%。鱼粉的粗灰分含量高，含钙 5%～7%，磷 2.5%～3.5%，磷以磷酸钙形式存在，利用率高，且磷、钙比例合适。鱼粉含盐量高，一般为 3%～5%，高的可达 7% 以上，故在有鱼粉的兔日粮中应考虑食盐的添加量。微量元素中以铁、锌、硒含量高，海产鱼的碘含量高。鱼粉中大部分脂溶性维生素在加工时被破坏，但仍保留相当高的 B 族维生素，尤以维生素 B_{12}、维生素 B_2 含量高。真空干燥的鱼粉含有丰富的维生素 A、维生素 D，此外还含有未知因子。

利用注意事项：鱼粉腥味大，适口性差，故家兔日粮中一般以 1%～2% 为宜，且加入鱼粉时要充分混匀。

注意：市场上鱼粉掺假现象比较严重，掺假的原料有血粉、羽毛粉、皮革粉、尿素、硫酸铵、菜籽饼、棉籽饼、钙粉等。鱼粉真伪可通过感官、显微镜检及分析化验等方法来辨别。

2. 肉骨粉、肉粉

肉骨粉、肉粉是以动物屠宰场副产品中除去可食部分之后的残骨、皮、脂肪、内脏、碎肉等为主要原料，经过熬油后再干燥粉碎而得的混合物。含磷在 4.4% 以上的为肉骨粉，含磷在 4.4% 以下的为肉粉。

营养特点：肉骨粉、肉粉营养成分见表 2-21。肉骨粉、肉粉粗蛋白质含量 45%～55%，品质不如鱼粉；钙、磷含量高，且比例平衡；磷的利用率高；B 族维生素含量高，维生素 A，维生素 D 很少。

利用注意事项：品质差的肉骨粉、肉粉，有中毒和感染细菌（最易污染沙门氏菌）的危险。家兔日粮中的用量以 1%～2% 为宜。

表 2-21 肉骨粉、肉粉的主要养分含量 （％）

成分	50% 肉骨粉	50% 肉骨粉（溶剂提油）	45% 肉骨粉	50%～55% 肉骨粉
水分	6.0（5～10）	7.0（5.0～10.0）	6.0（5～10）	5.4（4.0～8.0）
粗蛋白质	50.0（48.5～52.5）	50.0（48.5～52.5）	46.0（44～48）	54.0（50.0～57.0）
粗脂肪	8.0（7.5～10.5）	2.0（1.0～4.0）	10.0（7.0～13.0）	8.8（6.0～11.0）
粗纤维	2.5（1.5～3.0）	2.5（1.75～3.5）	2.5（1.5～3.0）	－
粗灰分	28.5（27～33）	30.0（29.0～32.0）	35.0（31.0～38.0）	27.5（25～30.0）
钙	9.5（9.0～13.0）	10.5（10～14）	10.7（9.5～12.0）	8.0（6.0～10.0）
磷	5.0（4.6～6.5）	5.5（5.0～7.0）	5.4（4.5～6.0）	3.8（3.0～4.5）

3. 血粉

血粉是畜禽鲜血经脱水加工而成的一种产品，是屠宰场主要副产品之一。血粉干燥方法一般有喷雾干燥、蒸煮干燥和瞬间干燥三种。

营养特点：血粉中蛋白质、赖氨酸含量高，含粗蛋白质高达80%～90%，赖氨酸7%～8%，比鱼粉高近1倍，色氨酸、组氨酸含量也高。但血粉蛋白质品质较差，血纤维蛋白不易消化，赖氨酸利用率低，血粉中异亮氨酸很少，蛋氨酸也偏低，故氨基酸不平衡。血粉含钙磷较低，微量元素中含铁量可高达 2 800 mg/kg，其他微量元素与谷实饲料相近。

利用注意事项：血粉因蛋白质和赖氨酸含量高，氨基酸不平衡，需与植物性饲料混合使用。血粉味苦，适口性差，用量不宜过高，一般以2%～5%为宜。

4. 羽毛粉

羽毛粉是家禽屠宰煺毛处理所得的羽毛经清洗、高压水解处

理，而后粉碎所得的产品。由于羽毛蛋白为角蛋白，家兔不能消化，加压加热处理可使其分解，提高羽毛蛋白的营养价值，使羽毛粉成为一种有用的蛋白资源。

营养特点：羽毛粉含蛋白质84%以上，粗脂肪2.5%，粗纤维1.5%，粗灰分2.8%，钙0.4%，磷0.7%。蛋白质中胱氨酸含量高达3%～4%，含硫氨基酸利用率为41%～82%，异亮氨酸也高达5.3%。

利用注意事项：饲粮中添加羽毛粉有利于提高兔毛产量及被毛质量，幼兔日粮中添加量为2%～4%，成年兔日粮中羽毛粉占3%～5%可获得良好的生产效果。埃及养兔学者报道，鹅、鸭羽毛粉在成年肉用兔日粮中最佳添加量为5.7%～6%，此时采食量、消化率均有提高。

5. 蚕蛹粉及蚕蛹饼

蚕蛹是蚕茧制丝后的残留物，蚕蛹经干燥粉碎后得蚕蛹粉，蚕蛹饼是蚕蛹脱脂后的剩余物。

营养特点：蚕蛹粉蛋白质含量高达55.5%～58.3%，其中40%为几丁质氮，其余为优质蛋白质。蚕蛹粉含赖氨酸约3%，蛋氨酸1.5%，色氨酸高达1.2%，比进口鱼粉高出1倍，因此，蚕蛹粉是优质的蛋白质氨基酸来源。脂肪含量高，能值高，脂肪含量高达20%～30%。

利用注意事项：因脂肪中不饱和脂肪酸高，贮存不当易变质。蚕蛹饼因脱去脂肪，蛋白质含量更高，且易贮藏，但能值低；另含有丰富的磷，是钙的3.5倍；B族维生素丰富。家兔日粮中添加比例一般为1%～3%。

6. 血浆蛋白粉

血浆蛋白粉是血液分离出红血球后经喷雾干燥而制成的粉状产品。

营养特点：其营养成分见表2–22。粗蛋白质含量高达70%。

68

表 2-22　喷雾干燥血浆蛋白粉营养成分　　　　（％）

成分	干物质	粗蛋白质	粗灰分	钙	磷	精氨酸	胱氨酸	组氨酸
含量	92.5	70.0	13.0	0.14	0.13	4.79	2.24	2.50
成分	异亮氨酸	亮氨酸	赖氨酸	苯丙氨酸	蛋氨酸	苏氨酸	酪氨酸	缬氨酸
含量	1.96	5.56	6.10	3.70	0.53	4.13	1.33	4.12

利用注意事项：国外大量研究表明，血浆蛋白粉是早期断奶兔日粮中的优质蛋白来源，可作为脱脂奶粉和干乳清的替代品，适口性比脱脂奶粉高。早期断奶（25 天）日粮中可添加 4% 的血浆蛋白粉，能有效降低幼兔因肠炎造成的死亡率，同时对消化道发育有良好的作用。

（三）微生物蛋白质饲料

微生物蛋白质饲料又称单细胞蛋白质饲料，常用的主要是饲料酵母。饲料酵母是利用工业废水、废渣等为原料，接种酵母菌，经发酵干燥而成的蛋白质饲料。

营养特点：饲料酵母其营养成分因原料、菌种不同而不同（表 2-23）。

表 2-23　饲料酵母主要养分含量　　　　（％）

种类	水分	粗蛋白质	粗脂肪	粗纤维	粗灰分
啤酒酵母	9.3	51.4	0.6	2.0	8.4
半菌属酵母	8.3	47.1	1.1	2.0	6.9
石油酵母	4.5	60.0	9.0	－	6.0
纸浆废液酵母	6.0	45.0	2.3	4.6	5.7

饲料酵母蛋白质含量高达 47%～60%。氨基酸中，赖氨酸含量高，蛋氨酸含量低。脂肪含量低。纤维和灰分含量取决于酵母来源。酵母粉中 B 族维生素含量丰富，烟酸、胆碱、维生素 B_2、

泛酸、叶酸等含量均高。矿物质中钙低，而磷、钾高。

利用注意事项：家兔日粮中添加饲料酵母，可以促进盲肠微生物生长，防治兔胃肠道疾病，增进健康，改善饲料利用率，提高生产性能。饲料酵母在兔日粮中用量不宜过高，否则影响日粮适口性，增加成本，降低生产性能。家兔日粮一般以添加2%～5%为宜。

三、粗饲料

粗饲料是指天然水分含量在60%以下，干物质中粗纤维含量不低于18%的饲料原料。此种饲料以风干物为饲喂形式。主要包括干草类、农副产品（秸、壳、荚、秧、藤）、树叶、糟渣类等。

该类饲料的特点是：粗纤维含量高，可消化营养成分含量低；质地较硬，适口性差。家兔为单胃草食动物，粗饲料是家兔配合饲料中必不可少的原料。

粗饲料主要包括以下几类。

（一）青干草

青干草是天然牧草或人工栽培牧草在质量最好和产量最高的时期刈割，经干燥制成的饲草。晒制良好的青干草颜色青绿，有芳香味，质地柔软，适口性好；叶片不脱落，保持了绝大部分的蛋白质、脂肪、矿物质和维生素，是家兔的优质粗饲料。有豆科、禾本科和其他科青干草。

1. 豆科青干草

其营养特点是粗蛋白质含量高，粗纤维含量较低，富含钙、维生素（表2-24），饲用价值高，可替代家兔配合饲料中豆饼等蛋白质饲料，降低成本。目前，豆科青干草以人工栽培为主，在我国各地以苜蓿、红豆草等为主。豆科牧草最佳刈割期为现蕾至初花期。国外以苜蓿、三叶草为主。在西欧等养兔先进国家，家兔配合饲料中苜蓿（图2-1）和三叶草粉可占到45%～50%，有的甚至高达90%。

表 2-24 主要豆科青干草营养成分

（%）

种类	样品说明	干物质	粗蛋白质	粗脂肪	粗纤维	无氮浸出物	总能（MJ/kg）	粗灰分	钙	磷
苜蓿	盛花期	89.10	11.49	1.40	36.86	34.51	17.78	4.84	1.56	0.15
苜蓿	现蕾期	91.00	20.32	1.54	25.00	35.00	16.62	9.14	1.71	0.17
红豆草	结荚期	90.19	11.78	2.17	26.25	42.20	16.19	7.79	1.71	0.22
红三叶	结荚期	91.31	9.49	2.31	28.26	42.41	15.98	8.84	1.21	0.28
草木樨	盛花期	92.14	18.49	1.69	29.67	34.21	16.73	8.08	1.30	0.19
箭舌豌豆	盛花期	94.09	18.99	2.46	12.09	49.01	16.58	11.55	0.06	0.27
紫云英	盛花期	92.38	10.84	1.20	34.00	35.25	15.81	11.09	0.71	0.20
百麦根	营养期	92.28	10.03	3.21	18.87	34.15	16.48	6.02	1.50	0.19
豇豆秧		90.50	16.00	2.02	4.3	37.00	—	10.6	—	—
蚕豆秧		91.50	13.40	0.82	2.0	49.80	—	5.5	—	—
大豆秧		88.90	13.10	2.03	3.2	33.60	—	7.1	—	—
豌豆秧		88.00	12.00	2.22	6.5	40.50	—	6.7	—	—
花生秧		91.20	10.60	5.12	3.7	41.10	—	9.7	—	—

图 2-1　苜蓿草捆

2. 禾本科青干草

禾本科青干草来源广，数量大，适口性较好，易干燥，不落叶。与豆科青干草相比，禾本科青干草粗蛋白质含量低，钙含量少，胡萝卜素等维生素含量高（表 2-25）。

表 2-25　几种禾本科青干草营养成分　（%）

种类	样品说明	干物质	粗蛋白质	粗脂肪	粗纤维	无氮浸出物	总能（MJ/kg）	粗灰分	钙	磷
芦苇	营养期	90.00	11.52	2.47	33.44	44.84	–	7.73	–	–
草地羊茅	营养期	90.12	11.70	4.37	18.73	37.29	14.29	18.03	1.0	0.29
鸭茅	收籽后	93.32	9.29	3.79	26.68	42.97	16.45	10.59	0.51	0.24
草地早熟		88.90	9.10	3.00	26.70	44.20	–	–	0.4	0.27

禾本科草在孕穗至抽穗期收割为宜。此时，叶片多，粗纤维少，质地柔软；粗蛋白质含量高，胡萝卜素的含量也高；产量也较高。禾本科草在兔配合饲料中可占到 30% ～ 45%。

3. 其他科青干草

如菊科的串叶松香草、苋科的苋菜、聚合草、棒草（即拉拉秧）等，产量高，适时采集、割晒，是优良的兔用青干草，可占兔饲料的35%。

（二）稿秕饲料

稿秕饲料即农作物秸秆秕壳，来源广、数量多，是我国家兔主要的粗饲料资源之一。

1. 玉米秸

玉米秸营养价值因品种、生长期、秸秆部位、晒制方法等不同，有较大差异。一般来说，夏玉米秸比春玉米秸营养价值高，叶片较茎秆营养价值高，快速晒制的较长时间风干的营养价值高。晒制良好的玉米秸呈青绿色，叶片多，外皮无霉变，水分含量低。玉米秸的营养价值略高于玉米芯，与玉米皮相近。

张元庆等对30余种主要玉米品种的秸秆营养成分进行分析，其结果见表2-26。

表 2-26　不同玉米品种秸秆营养成分　　　　（%）

玉米秸秆品种	DM	粗蛋白质	粗脂肪	NDF	ADF	粗灰分	淀粉
屯玉 168	38.00	4.48	2.48	66.04	38.05	5.04	1.41
雅玉 8 号	28.70	5.47	1.08	65.65	40.11	5.06	1.38
北农 208	27.18	6.04	1.07	59.27	33.71	6.52	3.25
金岭 17 号	29.62	7.55	1.23	61.64	34.69	6.84	3.60
豫 23 号	30.83	6.79	1.10	63.37	35.58	5.93	4.20
北农 356	28.41	5.88	1.06	62.68	34.95	6.41	2.10
京科 516	29.32	6.67	1.09	66.42	38.45	5.66	3.98
京科 301	26.68	6.95	1.04	61.17	31.65	8.89	4.17
奥玉 5102	24.80	6.71	0.92	61.06	34.91	7.18	1.37
海单 9 号	24.23	5.87	0.67	63.67	38.57	6.70	7.99
强盛 30 号	34.75	6.06	1.05	59.85	30.93	7.70	2.75

续表

玉米秸秆品种	DM	粗蛋白质	粗脂肪	NDF	ADF	粗灰分	淀粉
北农 368 号	23.13	4.76	1.23	65.64	36.80	6.05	5.07
华美 468 号	27.94	4.00	0.91	65.94	39.36	5.13	8.40
郑单 958	30.62	5.85	2.94	38.13	18.49	3.88	15.14
先玉 1225	34.88	6.46	3.13	61.60	20.42	2.96	35.32
雅玉 04889	24.95	5.10	2.68	57.96	33.55	3.77	13.42
京科 968	39.92	6.58	2.98	54.50	15.98	2.89	42.30
大丰 26 号	35.84	5.97	2.64	35.09	16.54	3.66	36.52
晋单 65	34.20	6.89	4.01	35.28	10.73	3.89	37.88
峰单 189	37.91	6.90	3.22	58.76	13.22	3.24	32.67
正成 018	42.41	6.92	1.72	57.16	16.49	2.54	40.17
利禾 1 号	33.43	5.68	2.84	52.24	25.35	4.78	19.28
强盛 103	38.64	5.48	1.84	36.44	17.83	3.38	28.81
登海 679	27.05	4.40	1.27	57.52	28.85	5.89	23.71
太玉 511	28.07	4.56	1.09	63.15	33.80	6.25	4.17
永玉 3 号	33.55	4.67	1.48	57.48	25.84	3.99	32.67
太育 1405	32.34	4.08	1.09	56.54	29.56	6.68	6.96
潞研 10 号	27.74	7.10	3.56	39.13	19.24	3.93	32.19
潞玉 6 号	27.19	6.78	3.76	51.18	20.43	4.01	36.49
利单 295	30.16	6.50	2.51	37.04	17.73	3.62	33.28
东科 301	27.06	6.78	2.80	53.85	27.55	6.80	14.03
大京九 26	29.06	4.81	1.96	47.39	25.06	5.44	15.11
大京九 23	29.58	6.63	1.95	57.10	27.88	5.29	17.31

利用注意事项：①由于玉米秸有坚硬的外皮，其水分不易蒸发，贮藏备用玉米秸必须叶茎都晒干，否则易发霉变质。②玉米秸秆容重小，膨松，为了保证制粉质量，可控制添加比例，适当增加水分，以 10% 为宜。同时添加黏结剂，如加入 0.7% ~ 1% 膨润土。制出的粒料要晾干，水分降至 8% ~ 11%。

玉米秸秆可占到家兔饲料的 20%。

2. 稻草

稻草是水稻收获后剩下的茎叶。

据测定，稻草含粗蛋白质5.4%，粗脂肪1.7%，粗纤维32.7%，粗灰分11.1%，钙0.28%，磷0.08%。可占兔饲料的10%～30%。稻草含量高的日粮中，应特别注意钙的补充。

3. 麦秸

麦秸是粗饲料中质量较差的种类，因品种、生长期不同，营养价值也各异。

张元庆等对不同小麦秸秆进行营养成分测定，结果见表2-27。

表2-27 麦类秸秆营养成分 （%）

小麦秸秆品种	DM	粗蛋白质	粗脂肪	NDF	ADF	粗灰分	淀粉
临Y8012-H	30.07	3.58	1.97	63.74	36.63	9.62	0.42
临Y8012-L	58.29	4.00	1.52	63.44	36.24	9.25	1.13
临Y8085	63.22	4.07	2.36	66.63	66.63	10.11	1.68
临Y8170	53.10	4.73	2.67	66.29	37.74	10.93	0.84
临Y8212	65.98	4.10	2.35	64.73	36.61	10.59	0.56
良星99	30.86	4.21	1.36	64.99	40.84	11.84	0.97
菏麦0746-2	36.12	3.39	1.89	68.67	42.18	10.63	2.40
衡1589	30.91	4.33	1.99	64.79	39.65	9.55	1.81
中麦5051	34.80	3.84	1.85	63.53	38.87	11.13	2.11
LS4714	30.56	3.16	2.02	65.79	39.77	11.31	0.70
鲁研897	36.84	4.24	2.66	68.40	41.67	10.76	1.67
烟1212	40.30	6.04	1.77	68.15	41.72	8.53	1.40
LS018R	38.75	3.53	2.17	67.86	42.26	10.65	4.06
泰科麦493	30.46	4.26	1.55	65.07	37.25	9.93	3.23
石12-4016	30.23	3.70	1.74	65.11	48.42	7.86	3.80
冀麦659	31.07	5.05	1.77	68.14	42.26	10.89	1.26
LH16-4	33.81	4.45	2.20	64.57	39.15	10.16	3.86
晋麦90	56.49	6.25	2.14	64.88	36.60	10.62	3.07

续表

小麦秸秆品种	DM	粗蛋白质	粗脂肪	NDF	ADF	粗灰分	淀粉
晋麦 102	58.10	6.03	2.06	64.22	35.73	10.59	3.93
小黑麦	83.84	4.38	1.42	54.94	33.71	8.09	14.95

麦类秸秆中，小麦秸的产量最多，但其粗纤维含量高，并含有较多难以被利用的硅酸盐和蜡质，长期饲喂兔容易"上火"和便秘，影响生产性能。麦类秸秆中，以大麦秸、燕麦秸和荞麦秸营养稍高，且适口性好。

麦类秸秆在家兔饲料中的比例以 5% 左右为宜，一般不超过 10%。

4. 豆秸

豆秸有大豆秸、绿豆秸、豌豆秸等。由于收割、晒制过程中叶片大部分凋落，维生素已被破坏，蛋白质含量减少，茎秆多呈木质化，质地坚硬，营养价值较低，但与禾本科秸秆相比，蛋白质含量较高（表 2-28）。

表 2-28　几种豆秸的营养成分　　　　（%）

种类	干物质	粗蛋白质	粗脂肪	粗纤维	无氮浸出物	粗灰分	NDF	ADF	PL	钙	磷
大豆秸	88.97	4.24	0.89	46.81	32.12	4.91	76.93	57.31	6.51	0.74	0.12
豌豆秸	89.12	11.48	3.74	31.52	32.33	10.04	-	-	-	-	-
蚕豆秸	91.71	8.32	1.65	40.71	33.11	7.92	-	-	-	-	-
绿豆秸	90.10	8.27	2.80	39.10	39.93	10.93	36.21	29.60	7.7	1.20	0.2

注：资料由任克良等提供。大豆秸秆产地为山西省太原市。PL：高锰酸钾洗木质素。

在豆类产区，豆秸产量大、价格低，深受养兔户欢迎，但大豆秸遭雨淋极易发霉变质，要特别注意。

据笔者养兔实践，家兔饲料中豆秸可占 35% 左右，且生产性能不受影响。

5. 谷草

谷草是谷子（粟）成熟收割下来脱粒之后的干秆，是禾本科秸秆中较好的粗饲料。谷草的营养物质含量见表2-29。谷草（图2-2）易贮藏，卫生，营养价值较高，制出的颗粒质量好，是家兔优质的粗饲料。

据笔者养兔实践，家兔饲料中谷草可占到35%左右，加入粘合剂（2%次粉或糖蜜等）可以提高颗粒质量，同时应注意补充钙。

图2-2 谷草

表 2-29 谷草的营养成分 （%）

样品名称	样本说明	水分	粗蛋白质	粗脂肪	粗纤维	粗灰分	无氮浸出物	钙	磷	NDF	ADF	PL
谷草	山西、寿阳	9.98	3.96	1.3	36.79	8.55	39.42	0.74	0.06	79.18	48.85	5.299

注：资料由任克良等提供。

6. 花生秧

花生秧是目前我国许多地方家兔主要的粗纤维饲料之一，其营养价值接近豆科干草。据测定，干物质为90%以上，其中含粗蛋白质4.6%～5%，粗脂肪1.2%～1.3%，粗纤维31.8%～34.4%，无氮浸出物48.1%～52%，粗灰分6.7%～7.3%，钙0.89%～0.96%，磷0.09%～0.1%，还含有铁、铜、锰、锌、硒、钴等微量元素，是家兔优良粗饲料。花生秧应在霜降前收获，注意晾晒，防止发霉；剔除其中的塑料薄膜。晒制良好的花生秧应是色绿、叶全、营养损失较少。家兔饲料中比例可占到35%。

注意：选购无霉变、杂质含量低，无塑料薄膜的花生秧作为

家兔饲料。

7. 甘薯藤

甘薯又称红薯、白薯、地瓜、红苔等。甘薯藤可作为家兔青饲料和粗饲料。甘薯藤中含胡萝卜素 3.5 ～ 23.2 mg/kg。可鲜喂，也可晒制成干藤饲喂。因甘薯藤水分含量高，晒制过程要勤翻，防止腐烂变质。晒制良好的甘薯藤营养丰富，其营养成分为：干物质占 90% 以上，其中粗蛋白质 6.1% ～ 6.7%，粗脂肪 4.1% ～ 4.5%，粗纤维 24.7% ～ 27.2%，无氮浸出物 48% ～ 52.9%，粗灰分 7.9% ～ 8.7%，钙 1.59% ～ 1.75%，磷 0.16% ～ 0.18%。

家兔饲料中可加至 35% ～ 40%。

（三）秕壳类

秕壳类主要是指各种植物的籽实壳，其中含不成熟的籽实。其营养价值（表 2-30）高于同种作物的秸秆（花生壳除外）。

表 2-30　秕壳类饲料的营养成分　　　　　（%）

种类	干物质	粗蛋白质	粗脂肪	粗纤维	无氮浸出物	粗灰分	钙	磷
大豆荚	83.2	4.9	1.2	28.0	41.2	7.8	–	–
豌豆荚	88.4	9.5	1.0	31.5	41.7	4.7	–	–
绿豆荚	87.1	5.4	0.7	36.5	38.9	6.6		
豇豆荚	87.1	5.5	0.6	30.8	44.0	6.2	–	–
蚕豆荚	81.1	6.6	0.4	34.8	34.0	6.0	0.61	0.09
稻壳	92.4	2.8	0.8	41.1	29.2	18.4	0.08	0.07
谷壳	88.4	3.9	1.2	45.8	27.9	9.5	–	–
小麦壳	92.6	5.1	1.5	29.8	39.4	16.7	0.20	0.14
大麦壳	93.2	7.4	2.1	22.1	55.4	6.3		
荞麦壳	87.8	3.0	0.8	42.6	39.9	1.4	0.26	0.02
高粱壳	88.3	3.8	0.5	31.4	37.6	15.0	–	–

豆类荚壳有大豆荚、豌豆荚、绿豆荚、豇豆荚、蚕豆荚等，在秕壳饲料中营养价值较高，可占兔饲料10%～15%。

谷类皮壳有稻壳、谷壳、大麦壳、小麦壳、荞麦壳、高粱壳等，其营养价值较豆荚低。稻谷壳品质低，因其含有较多的硅酸盐，对压制颗粒的机械会造成磨损，也会刺激消化道引起溃疡。稻壳中的有些成分还有促进饲料酸败的作用。高粱壳中含有一定的单宁（鞣酸），适口性较差。小麦壳和大麦壳营养价值相对较高，但麦芒带刺，对家兔消化道有一定刺激。因此，各种谷类秕壳在家兔饲料中不宜超过8%。

花生壳是我国北方家兔主要的粗饲料资源之一，其营养成分见表2-31。花生壳粗纤维虽然高达近60%，但生产中以花生壳作为兔的主要粗饲料占饲料的30%～40%，对于青年兔、空怀兔无不良影响，且兔群很少发生腹泻。

特别注意：①花生壳与花生饼（粕）一样极易染霉菌，采购、使用时应仔细检查，及时剔除霉变的部分；②加工时应剔除其中的塑料薄膜；③土等杂质含量不宜过高。

表2-31　花生壳营养成分　　　　　（%）

样品名称	样本说明	水分	粗蛋白质	粗脂肪	粗纤维	粗灰分	无氮浸出物	钙	磷	NDF	ADF	PL
花生壳	介休市	9.47	6.07	0.65	61.82	7.94	14.05	0.97	0.07	86.07	73.79	8.423

注：任克良等提供。花生壳产地为山西省太原市。

此外，葵花籽壳含粗蛋白质3.5%，粗脂肪3.4%，粗纤维22.1%，无氮浸出物58.4%，在秕壳类饲料中营养价值较高，在兔饲料中可加到10%～30%。

（四）其他

1. 醋糟

营养特点：醋的种类不同，醋糟营养成分差异很大。本团队对我国四大名醋（山西陈醋、四川保宁醋、镇江醋和福建老醋）的醋糟进行营养成分分析，结果见表2-32。其中山西紫林陈醋糟营养成分：初水分70.35%，粗蛋白质10.39%，粗脂肪5.46%，粗灰分9.46%，粗纤维28.8%，中性洗涤纤维70.91%，酸性洗涤纤维53.79%，木质素2.47%，钙0.17%，磷0.08%。

表2-32　不同品种醋糟营养成分　　（%）

项目	紫林醋糟	水塔醋糟	宁化府醋糟	东湖醋糟	镇江醋糟	四川保宁醋糟	福建老醋糟
水分	6.41	6.25	5.17	5.13	–	9.18	
初水分	70.35	69.07	69.8	71.9	–	–	8.34
粗蛋白质	10.39	7.72	15.76	8.99	9.28	6.74	30.96
粗脂肪	5.46	5.39	5.56	4.07		7.17	17.96
粗纤维	28.8	36.11	29.16	27.37	24.78	15.40	
中性洗涤纤维	70.91	79.66	73.26	73.76	25.02	54.71	57.06
酸性洗涤纤维	53.97	61.50	62.38	52.23	39.89	20.42	
木质素	2.47	3.09	2.89	0.87		0.98	
粗灰分	9.46	8.54	9.78	8.15	–	2.33	1.27
无氮浸出物	40.2	35.99	34.57	46.29	–	59.18	
钙	0.17	0.00	0.2	0.21	–	0.19	
磷	0.08	0.02	0.08	0.11	–	0.06	0.22

张元庆等测定了不同原料生产醋的醋糟营养成分，其中醋糟（高粱＋大麦）中干物质34.85%，粗蛋白质12.21%，粗脂肪

4.28%，NDF 64.91%，ADF 54.78%，粗灰分 8.50%，淀粉 0.08%。醋糟（大麦 + 玉米）中的干物质 42.96%，粗蛋白质 8.46%，粗脂肪 2.70%，NDF 64.73%，ADF 38.78%，粗灰分 6.30%，淀粉 0.13%。醋糟（高粱 + 玉米）干物质 28.42%，粗蛋白质 14.40%，粗脂肪 4.44%，NDF 59.59%，ADF 45.35%，粗灰分 7.00%，淀粉 0.02%。利用方法：任克良等（2013）在獭兔饲料中添加不同比例山西陈醋糟饲养试验表明，生长獭兔饲料中添加 21% 醋糟，对生长速度、饲料利用率和皮毛质量无不良影响。繁殖母兔饲料中添加 10% 醋糟为宜。

利用注意事项：新鲜醋糟要及时烘干或干燥。干燥不当霉变要弃去不用。

图 2-3　山西陈醋糟

2. 麦芽根

麦芽根为啤酒制造过程中的副产物，是发芽大麦去根、芽的副产品，可能含有芽壳及其他不可避免的麦芽屑及外来物。麦芽根为淡黄色，麦芽气味芬芳，有苦味。其营养成分为：水分 4%～7%，粗蛋白质 24%～28%，粗脂肪 0.5%～1.5%，粗纤维 14%～18%，粗灰分 6%～7%，还富含 B 族维生素及未知生长因子。因其含有大麦芽碱，有苦味，故喂量不宜过大，一般家

兔日粮中可添加至 20%。

3. 啤酒糟

啤酒糟是制造啤酒过程中所滤除的残渣。含有大量水分的叫鲜啤酒糟，加以干燥而得到的为干啤酒糟。其营养成分见表 2-33。

表 2-33　啤酒糟的成分　　　　　　（%）

种类	水分	粗蛋白质	粗脂肪	粗纤维	粗灰分	钙	磷
鲜啤酒糟	80.0	5.6	1.7	3.7	1.0	0.07	0.12
干啤酒糟（平均）	7.5	25.0	6.0	15.0	4.0	0.25	0.48
干啤酒糟（范围）	6.5～12	22～27	4～8	14～18	2.5～4.5	0.15～0.35	0.35～0.55

据张元庆等测定，啤酒糟（大麦＋大米）营养成分含量为：干物质 23.25%，粗蛋白质 31.84%，粗脂肪 9.67%，NDF 59.43%，ADF 21.69%，粗灰分 3.60%，淀粉 0.04%。

啤酒糟粗蛋白质含量高，且富含 B 族维生素、维生素 E 和未知生长因子。据报道，生长兔、泌乳兔日粮中啤酒糟可占 15% 左右，空怀兔及妊娠前期兔可占 30% 左右。

鲜啤酒糟含水量大，易变质，不宜久存，要及时晒干或饲喂，发霉变质的啤酒糟严禁喂兔。

4. 酒糟

酒糟是以含淀粉多的谷物或薯类为原料，经酵母发酵，再以蒸馏法萃取酒后的产品，经分离处理所得的粗谷部分加以干燥即得。其营养成分因原料、酿制工艺不同而有所差别，见表 2-34。

表 2-34　几种主要酒糟的营养成分　　　（%）

名称	干物质	粗蛋白质	粗脂肪	粗纤维	无氮浸出物	粗灰分
高粱白酒糟	90	17.23	7.86	17.43	44.01	11.45
大麦白酒糟	90	20.51	10.50	19.59	40.81	8.8
玉米白酒糟	90	19.25	8.94	17.44	45.36	8.0
大米酒糟	93.1	28.37	27.13	12.56	21.41	3.63
燕麦酒糟	90	19.86	4.22	12.89	45.58	7.39
大曲酒糟	90	17.76	7.35	27.61	34.04	18.28
甘薯酒糟	90	14.66	4.37	15.16	39.04	22.87
黄酒糟	90	37.73	7.94	4.78	38.18	1.36
五粮液酒糟	90	13.40	3.84	27.2	33.97	13.56
郎酒糟	90	18.13	5.04	15.12	46.59	13.66
葡萄酒糟	90	8.20	–	7.24	27.72	2.48

据张元庆等对山西产的白酒糟（高粱）进行测定，其营养物质为：干物质 31.46%，粗蛋白质 14.58%，粗脂肪 4.25%，NDF 45.02%，ADF 29.29%，粗灰分 8.90%，淀粉 0.09%。

一般而言，各种粮食酿酒的酒糟粗蛋白质、粗脂肪均较多，但粗纤维偏高，这是由于在酿酒过程中加入了 20%～25% 的稻壳，以利蒸气通过，提高出酒率。而以薯类为原料的酒糟，其粗纤维、粗灰分的含量均高，且所含粗蛋白质消化率差，使用时要注意。

酒糟营养含量稳定，但不齐全，容易引起便秘，喂量不宜过多，且要与其他饲料配合使用。一般繁殖兔喂量应控制在 15% 以下，育肥兔可占饲料 20%，比例过大易引起不良后果。

5. 葡萄渣

葡萄渣又称葡萄酒渣，是葡萄酒厂的下脚料，由葡萄籽、葡萄皮、葡萄梗等构成。

葡萄渣中营养成分见表 2-35。可以看出，干制品葡萄下脚料中的粗蛋白质含量均高于玉米，而且粗脂肪和粗纤维含量较高，

粗纤维中木质素的比例较高。但葡萄渣中含有较高的单宁（鞣酸），因此，家兔日粮中用量应限制在15%以下。

表2-35　葡萄渣营养成分　　　　（%）

名称	干物质	粗蛋白质	粗脂肪	粗纤维	无氮浸出物	粗灰分	钙	磷
干葡萄渣	91.0	11.8	7.2	29.0	33.7	9.3	0.55	0.05
鲜葡萄渣	30.0	4.0	－	8.8	－	－	0.20	0.09
干葡萄皮	89.3	9.71	16.22	27.45	32.17	3.80	0.55	0.24
干葡萄籽	86.95	14.75	7.23	18.46	40.71	5.80	0.05	0.31

6. 蔗渣

蔗渣是甘蔗制糖后所剩余的副产品。甘蔗渣（干品）的一般成分为干物质91%，其中粗蛋白质1.5%，粗纤维43.9%，粗脂肪0.7%，粗灰分2.9%，无氮浸出物42%，钙0.82%，磷0.27%。从中可以看出甘蔗渣的主要成分是纤维素，其营养成分与干草相似。但甘蔗渣有甜味，家兔喜食，可占到家兔饲料的20%左右。

7. 玉米芯

玉米芯指玉米果穗脱粒后的副产品，又称玉米轴或玉米核。营养成分为：干物质97%，其中粗蛋白质占2.3%～2.4%，粗脂肪0.4%，粗纤维36.6%～37.7%，无氮浸出物54.4%～56%，粗灰分3.4%～3.5%。玉米芯含糖量较高，是家兔的好饲料，日粮中比例不宜超过20%。

8. 向日葵盘

向日葵脱去籽粒后的花盘为向日葵盘，可作为家兔粗饲料。其营养成分为：干物质占85%以上，其中粗蛋白质5.2%～6.1%，粗脂肪2.2%～2.6%，粗纤维17.4%～20.1%，无氮浸出物39.6%～46.5%，粗灰分21.1%～24.7%，钙1.44%～1.68%，磷0.13%～0.15%。向日葵盘质地柔软，适口性好，可鲜喂。但向日葵盘在晒制过程中极易发霉变质，应引起注意。家兔日粮中添加量可达15%～20%。

四、青绿多汁饲料

青绿饲料是指天然水分含量在 60% 以上的饲料原料，包括青绿牧草、饲用作物、树叶类及非淀粉质的根茎、瓜果类。

（一）天然牧草

天然牧草是指草地、山场及平原田间地头自然生长的野杂草类，其种类繁多，除少数几种有毒外，其他均可用来喂兔，常见的有猪秧秧、婆婆纳、一年蓬、荠菜、泽漆、繁缕、马齿苋、车前、早熟禾、狗尾草、马唐、蒲公英、苦菜、鳢肠、野苋菜、胡枝子、艾蒿、蕨菜、涩拉秧、霞草、苋菜、萹蓄等。其中有些具有药用价值，如蒲公英具有催乳作用，马齿苋具有止泻、抗球虫作用，青蒿具有抗毒、抗球虫作用等。

合理利用天然牧草是降低饲料成本，获得高效益的有效方法。

（二）人工牧草

人工牧草是人工栽培的牧草。其特点是经过人工选育，产量高，营养价值高，质量好。常见的人工牧草种类、栽培方法及其利用如下。

1. 紫花苜蓿

又称紫苜蓿、苜蓿。被誉为"牧草之王"，是目前世界上栽培历史最长、种植面积最大的牧草品种之一，在我国广泛分布于西北、华北、东北地区及江淮流域等。

（1）特性

紫花苜蓿为多年生草本植物。

紫花苜蓿喜半干旱气候，日均气温 15 ～ 20℃最适生长，高温、高湿对其生长不利。抗寒性强，幼苗期能耐 –6 ～ –5℃气温，成长后能耐 –25℃低温。冬季积雪 30cm 以上时，可在 –44℃下不致冻死。抗旱能力很强。对土壤要求不严格，沙土、黏土均可生

长，适于富含钙质的土壤。生长期最忌积水，要求排水良好。耐盐碱，在氯化钠含量为 0.2% 以下生长良好。

（2）栽培技术

紫花苜蓿种子细小，播前要求精细整地，施足底肥，每亩（1亩≈667m²）施有机肥 2 500～3 000 kg。苜蓿播种期较长，从春季到秋季都可播种。春季墒情好、风沙危害小的地方可春播，但因春播出苗后，易受夏季烈日伤害，所以春播时宜与谷子混播，依靠谷子苗保护其幼苗发育。夏季播种时与荞麦等混播。春季干旱、晚霜较迟的地区可在秋季末播种。冬季不太寒冷的地带可在 8 月下旬到 9 月中旬播种，秋播墒情好，杂草危害较轻。一般多采用条播，行距 25～30 cm，播种深度为 2～3 cm，土湿宜浅，土干宜稍深，播种后进行适当耙糖和镇压，每亩播种量为 1～1.5 kg。

苜蓿苗期生长缓慢，易受杂草侵害，应及时除草松土。尤其是播种当年必须除净杂草。在早春返青前或每次刈割后进行中耕松土，干旱季节和刈割后浇水可显著提高产量。

每年可收鲜草 3～4 次，一般亩产 3 000～8 000 kg，其中第一次青割占 40%～50%。通常 4～5 kg 鲜草晒制 1 kg 干草。

（3）饲用价值

苜蓿营养价值高（表 2-36），富含粗蛋白质、维生素和矿物质，还含有未知因子，是家兔优良的饲草。

表 2-36　苜蓿营养成分　　　　（%）

名称	干物质	粗蛋白质	粗脂肪	粗纤维	无氮浸出物	粗灰分	钙	磷
鲜草（盛花期）	26.57	4.42	0.54	8.70	10.00	2.91	1.57	0.18
干草粉（盛花期）	89.10	11.49	1.40	36.86	34.51	4.84	1.56	0.15

苜蓿既可鲜喂，又可晒制干草做成配合饲料喂兔。但鲜喂时

要限量或与其他种类牧草混合饲喂，否则易导致肠臌胀病。晒制干草宜在 10% 植株开花时刈割，此时单位面积营养物质含量最高，留茬高度以 5 cm 为宜。

家兔配合饲料中苜蓿草粉可加至 50%，哺乳母兔日粮中苜蓿草粉比例高达 96%。

2. 普那菊苣

普那菊苣原是欧洲一种菊科野生植物。新西兰培育出菊苣饲用新品种 – 普那（Puna）菊苣。1988 年由山西省农业科学院畜牧所开始引进、试种。经引种栽培、饲养试验表明，普那菊苣产草量高，营养价值优良，适口性好，是一种高产优质饲草资源。现已在山西、陕西、浙江、江苏、河南等省推广种植。

（1）特性

普那菊苣属菊科多年生草本植物。株高平均为 170 cm 左右，基生叶片大，叶色深绿，叶片质地嫩，故适口性好。普那菊苣喜温暖湿润气候，抗旱、耐寒性较强，较耐盐碱。喜肥喜水，对土壤要求不严格，旱地、水浇地均可种植。

（2）栽培技术

春播、秋播均可，菊苣种子小，因此播种前需精心整地，每亩施腐熟的有机肥 2 500 ～ 3 000 kg，用作底肥；播种时最好与细沙等物混合，以便播撒均匀。条播、撒播均可，条播行距以 30 ～ 40 cm 为宜，播深 2 ～ 3 cm，每亩播种量 300 ～ 500 g。也可种子育苗移栽。菊苣幼苗期及返青后易受杂草侵害，应加强杂草防治工作。

（3）饲用价值

普那菊苣播种当年不抽茎，处于莲座叶丛期，产量较低。第二年产量可成倍增长，一般每年可刈割 3 ～ 4 次，亩产鲜草 7 000 ～ 11 000 kg。刈割适宜期为初花期，留茬高度为 15 ～ 20 cm。

普那菊苣营养成分见表 2–37。普那菊苣以产鲜草为主，收籽后秸秆也可利用。莲座叶丛期即可刈割饲用，生长第一年可刈割

2 次，从第二年起每年可刈割 3 ～ 7 次。

表 2-37　普那菊苣营养成分　　　　　　（%）

生长年限	生育期	水分	占干物质						
			粗蛋白质	粗脂肪	粗纤维	无氮浸出物	粗灰分	钙	磷
第一年	莲座叶丛	14.15	22.87	4.46	12.90	30.34	15.28	1.5	0.42
第二年	初花	13.44	14.73	2.10	36.8	24.92	8.01	1.18	0.24
第三年（再生草）	莲座叶丛	15.40	18.17	2.71	19.43	31.14	13.15	–	–

资料来源：高洪文（1990）。

据笔者（1990）用普那菊苣饲喂肉兔试验结果表明：普那菊苣适口性好，采食率为 100%，日采食达 445.5 g，日增重达 20.13 g，整个试验期试验兔发育正常。此外，普那菊苣可利用期长，太原地区 11 月上旬各种牧草均已枯萎，但普那菊苣仍为绿色。

3. 红豆草

红豆草又名驴食豆、驴喜豆，是豆科红豆草属的多年生牧草。目前栽培最多的有普通红豆草和高加索红豆草。目前栽培的红豆草主要分布于华北、西北温带地区，如甘肃、山西、内蒙古、北京、陕西、青海、吉林、辽宁等，它是干旱地区一种很有前途的栽培牧草，分布区大致和紫花苜蓿相同。

（1）特性。

红豆草为多年生草本植物，寿命 2 ～ 7 年或 7 年以上。株高 60 ～ 80 cm。种子肾形，光滑，暗褐色，千粒重 16.2 g，带荚种子千粒重 21 g。红豆草喜温暖干燥气候，抗旱性强，抗旱能力超过紫花苜蓿，但抗寒能力不及紫花苜蓿。在年均温 12 ～ 13℃、年降水量 350 ～ 500 mm 的地区生长最好。在冬季最低温 –20℃以下、无积雪地区，不易安全越冬。

88

（2）栽培技术。

红豆草的寿命较长，但其最高产量为生长第二至第四年。因此，它在轮作中的年限一般不应超过 4 年。红豆草不宜连作，连作易发生病虫害。一次种植之后，需隔 5 ～ 6 年方能再种。

红豆草种子较大，发芽出土较快，播种后 3 ～ 4 天即可发芽，6 ～ 7 天出土。红豆草一般都带荚播种，播种前应精细整地，施足基肥。播种时间春秋皆可，春播时间以 3 月下旬至 4 月中旬最佳，秋播时间以 8 月最佳。红豆草多采用条播，收草用行距 25 ～ 30 cm，每公顷播种量 75 ～ 90 kg，收种用行距 35 ～ 40 cm，每公顷播种量 45 ～ 60 kg，播种深度 3 ～ 5 cm。

红豆草每年可刈割 2 ～ 3 次，每公顷产干草 7 500 ～ 15 000 kg。青饲宜在现蕾期至开花期刈割，晒制干草时宜在盛花期刈割，刈割留茬高度以 5 ～ 7 cm 为宜。红豆草种子落籽性强，一般在花序下中部荚果变褐时即可采收。第一年种子产量较低，第三、四年种子每公顷产量可达 900 ～ 1 050 kg。

（3）饲用价值

红豆草不论是青草还是干草，都是家兔的优质饲草。红豆草不同生育时期的营养成分见表 2-38。

表 2-38 红豆草不同时期的营养成分（占风干物的百分率）（%）

生育期	水分	粗蛋白质	粗脂肪	粗纤维	无氮浸出物	粗灰分
营养期	8.49	24.75	2.58	16.10	46.02	10.56
孕蕾期	5.40	14.45	1.60	30.28	43.73	9.94
开花期	6.02	15.12	1.98	31.50	42.97	8.43
结荚期	6.95	18.31	1.45	33.48	39.18	7.58
成熟期	8.03	13.58	2.35	35.75	42.90	7.62

与苜蓿、三叶草相比，红豆草有四大优点：①红豆草各个生育阶段茎叶均含有较高的浓缩单宁，反刍家畜采食红豆草时，不

论采食量多少都不会引起臌胀病；②红豆草茎秆中空，调制干草过程中叶片损失较少，调制干草较容易；③红豆草春季返青较早；④红豆草病虫较少。

4. 苦荬菜

又叫苦麻莱、苦苣、野苦苣等，原为野生，经多年驯化选育，现已成为广泛栽培的饲料作物之一。我国各地广泛种植。

（1）特性。

属菊科一年生草本植物。株高 1.5 ～ 2 m，茎上多分枝，全株含白色乳汁。

（2）栽培技术。

播种适期，南方为 2 月下旬至 3 月份，即平均气温 10℃左右为宜；北方为 3—6 月。苦荬菜种子小而轻，播前要求精细整地并施足底肥，土壤水分不足时应浇水后再播。可条播、穴播，行距 25 ～ 30 cm，播深 1 ～ 2 cm，每亩播种量为 0.5 ～ 1 kg。也可撒播，用种量每亩 1.5 ～ 2 kg。每亩产青草为 5 000 ～ 7 000 kg。

（3）饲用价值

苦荬菜营养丰富（表 2–39），柔嫩多汁，味稍苦，性甘凉，适口性好，是家兔优质青绿饲料。据报道：连续 80 天用苦荬菜喂兔，每日 3 次，日喂 600 ～ 1 000 g，采食率达 95% ～ 100%，兔生长发育良好，未发现腹泻现象。

表 2-39　苦荬菜营养成分　　　　　　（%）

类别	水分	粗蛋白质	粗脂肪	粗纤维	无氮浸出物	粗灰分
茎叶	11.3	19.7	6.7	9.6	44.1	8.6

5. 黑麦

又名粗麦，既可作粮食，又可作饲料。而专门作为青饲料栽培的目的是解决北方早春家兔青饲的原料。

（1）特性。

黑麦为一年生禾本科黑麦属草本植物，株高 1 ～ 1.5m，茎粗壮，不倒伏。种皮比小麦、大麦厚。

黑麦喜冷凉气候，有冬性和春性两种。高寒地区只能种春黑麦，温暖地区两种均可种植。属长日照植物。黑麦具有较强的抗寒、抗旱和耐瘠薄能力，冬性品种能忍受 −25℃的低温。但不耐高温和湿涝，对土壤要求不严。

（2）栽培技术。

黑麦的前茬最好是大豆、小麦和瓜类，需精细整地，施足基肥，播种与小麦相同。

黑麦品种较多，目前主要有以下两种。①小黑麦。为小麦和黑麦的远缘杂交种，品质较黑麦好，青草产量高于大麦、燕麦，籽粒产量高于小麦，是籽粒与青草兼用的粗饲料。②冬黑麦。北方主要推广的有"冬牧70"品种，是由美国引进的。产量高，每亩产鲜草 5 000 ～ 7 000 kg，籽粒为 200 ～ 300 kg。是华北、东北及内蒙古等地推广的优良品种。特别在棉花产区，既解决了家兔的早春饲料，又较好地利用了冬闲地。

播种时最好将肥料、农药、除草剂混合制成种子包衣，这样处理的种子出苗好，病虫害少。

（3）饲用价值。

黑麦茎叶产量高，营养丰富，尤其含有丰富的维生素，适口性好，是早春缺青家兔青饲料的重要来源。青刈黑麦的营养成分见表2–40。

表 2–40　青刈黑麦（冬牧 70）各生育期营养成分　　（%）

生育期	水分	粗蛋白质	粗脂肪	粗纤维	无氮浸出物	粗灰分
拔节期	3.86	15.08	4.43	16.97	59.38	4.14
孕穗始期	3.87	17.65	3.91	20.29	48.01	10.14
孕穗期	3.25	17.16	3.62	20.67	49.19	9.36
孕穗后期	5.34	15.97	3.93	23.41	47.00	9.69
抽穗始期	3.89	12.95	3.29	31.36	44.94	7.46

从表 2-40 可知，青刈黑麦茎叶的蛋白质含量以孕穗初期最高，是青饲的最佳时期，也可在苗长到 60 cm 时刈割，留茬 5 cm，第二次刈割后不再生长，仅利用 2 次。若收干草，则以抽穗始期为宜，每亩可晒制干草 400 ～ 500 kg。

6. 胡萝卜

原产于欧洲及中亚一带，现世界各国普遍种植，我国南北方均有栽培，除人类食用外，也是家兔优良的饲料。

（1）特性。

胡萝卜为伞形科胡萝卜属二年生草本植物，第一年形成茂密的簇生叶及肉质根，第二年开花结实。

胡萝卜喜温和冷凉气候，幼苗能耐短期 –5 ～ –3℃低温，茎叶生长最适温度为 23 ～ 25℃，肉质根生长最适温度为 13 ～ 18℃。较耐旱，不耐涝，怕积水。喜生长在土层深厚、疏松、富含有机质的沙壤土，对土壤酸碱度适应性强。

（2）栽培技术。

种植前应将土地深耕细耙，施足底肥，使土壤疏松平整并有较多的有机质。播种期多在夏季，并于冬前收获，播种方法有条播和撒播两种，条播行距 20 ～ 30 cm，播深 2.3 cm，每亩播种量 0.7 kg。北方寒冷地区应在霜冻来临之前收获，以防受冻。南方能在露地越冬的，可随用随收。胡萝卜每亩产量 2 500 ～ 3 500 kg，高的达 5 000 kg 以上。

胡萝卜品种有南京红胡萝卜、安阳胡萝卜、西安胡萝卜、平定胡萝卜、济南红胡萝卜、北京鞭杆红胡萝卜等。饲用胡萝卜以橘红及橘黄色的较好，含胡萝卜素高。

（3）饲用价值见表 2-41。

表 2-41　胡萝卜营养成分　　　　　　（%）

成分	水分	粗蛋白质	粗脂肪	粗纤维	无氮浸出物	粗灰分
含量	92.2	1.74	0.09	1.08	3.37	0.82

胡萝卜除含表2-41中所述营养成分外，还含有较多糖分和胡萝卜素及维生素C、维生素K和B族维生素。尤其是胡萝卜素含量较高，每千克根中含量100 mg以上。胡萝卜素进入家兔体内即转化为维生素A，供兔体利用。胡萝卜柔嫩多汁，适口性好，易被兔体消化和吸收，可促进幼兔生长发育，提高繁殖母兔和公兔繁殖力，是家兔缺青季节主要的多汁饲料，饲喂可洗净切碎生喂。胡萝卜缨必须限量饲喂，否则易导致氢氰酸中毒。

此外还有红三叶、白三叶等。

（三）青刈作物

青刈是把农作物（如玉米、豆类、麦类等）进行密植，在籽实成熟前收割用来喂兔。青刈玉米营养丰富，茎叶多汁，有甜味，一般在拔节2个左右时收割。青刈大麦可作为早春缺青时良好的维生素补充饲料。

（四）蔬菜

在冬春缺青季节，一些叶类蔬菜可作为家兔的补充饲料，如白菜、油菜、蕹菜、牛皮菜、甘蓝（圆白菜）、菠菜等。它们含水分高，具有清火通便作用，含有丰富的维生素。但这类饲料保存时易腐败变质，堆积发热后，硝酸盐被还原成亚硝酸盐，造成家兔中毒。据作者饲养实践表明，饲喂家兔茴子白（结球甘蓝）时粪便有呈两头尖、相互黏连现象。有些蔬菜如菠菜等含草酸盐较多，影响钙的吸收和利用，利用时应限量饲喂。饲喂蔬菜时应先将其阴干，每兔日喂150 g左右为宜。

（五）树叶类

在各种树叶中，除少数不能饲用外，大部分都可饲喂家兔。在林区、山区及农区树木多的地方，利用树叶喂兔是扩大饲料来源的好办法。树叶既可晒干粉碎后利用，又可鲜喂。有些鲜绿树

叶还是优良的蛋白质和维生素饲料来源，不少树叶的营养价值比豆科牧草还要高。

1. 刺槐叶

刺槐又名洋槐，为豆科刺槐属，落叶乔木。刺槐的叶、花、果实和种子都是家兔的好饲料。刺槐叶粉是高能量、高蛋白饲料，并且粗纤维含量少。生长叶的总能为 18 MJ/kg 左右，粗蛋白质在 20% 左右，粗纤维在 14.3%～19.2%。落叶总能在 10 MJ/kg 左右，粗蛋白质在 10% 左右，粗纤维 18%。刺槐叶粉还含有多种氨基酸。胡萝卜素含量最高，可达 180 mg/kg 以上。矿物质含量也很丰富。人工收获时，在用材林可结合修剪和抚育间伐，割下带叶枝条；饲用林要在越冬芽已经成熟，而叶仍为绿色时齐地割下，可鲜喂，也可晒干饲喂。入秋落叶时，要及时收集起来，清除土石、枯枝等，晒干备用。

刺槐叶可占家兔日粮的 30%～40%。

2. 松针叶粉

松针叶粉是用松属的松针叶为原料加工而成的。松属主要有赤松、红松、油松、黑松、马尾松、高山松、云南松、华山松、黄山松、樟子松等。其营养成分见表 2-42。

表 2-42 松针叶粉营养价值

成分	赤松、黑松混合叶粉	马尾松叶粉	成分	赤松、黑松混合叶粉	马尾松叶粉
水分（%）	7.8	8.0	钙（%）	0.54	0.39
粗蛋白质（%）	8.95	7.8	磷（%）	0.08	0.05
粗脂肪（%）	11.1	7.12	胡萝卜素（mg/kg）	121.8	291.8
粗纤维（%）	27.12	26.84	维生素 C（mg/kg）	522	735
粗灰分（%）	3.43	3.00	硒（mg/kg）	3.6	2.8

松针叶粉营养物质比较全面，除粗蛋白质、粗纤维外，还含有

大量的活性物质，如维生素 C、B 族维生素、胡萝卜素、叶绿素、杀菌素。经测定，每千克松针叶粉中含维生素 C 550 ～ 600 mg，胡萝卜素 120 ～ 300 mg，叶绿素 1 350 ～ 2 220 mg，并含有 19 种以上氨基酸和十几种矿物质元素，其中硒的含量达 2.8 mg/kg 以上。由于维生素含量高，故称为针叶维生素，是良好的家兔饲料添加剂。

松针叶粉具有松脂气味和含有挥发性物质，在家兔日粮中添加量不宜过高，一般为 10%～ 15%。

3. 构树

构树又名谷浆树，古名楮，是桑科构树属落叶乔木（图 2-4）。树皮为造纸原料。树高 6 ～ 16 m，有乳汁。树皮平滑呈暗灰色，枝条粗壮而平展。叶互生，有长柄，叶片阔卵形或不规则 3 ～ 5 深裂，边缘有粗锯齿，表面暗绿，被粗毛，背面灰绿，密生柔毛。单性花，雌雄异株，雄为荑黄花序，着生于新枝叶腋；雌花为头状花序。聚花果肉质，球形，有长柄，熟时红色。

营养特点：据张元庆等测定，干物质 92.54%，粗蛋白质 15.18%，粗脂肪 3.66%，NDF 49.83%，ADF 26.53%，粗灰分 12.55%。家兔饲料中添加量 15% ～ 20% 为宜。

图 2-4　构树

4. 其他树叶

有柳树叶、桑树叶、紫荆叶、香椿树叶、榆树叶、沙棘

叶、杨树叶、苹果树叶等，具有较高的饲用价值（营养成分见表2-43）。其中果树叶营养丰富，粗蛋白质为10%左右，在兔日粮中可添加15%左右，但应注意果树叶中农药残留。

表2-43　一些树叶营养成分　（%）

类别	干物质	粗蛋白质	粗脂肪	粗纤维	无氮浸出物	粗灰分	钙	磷
柳树叶	89.5	15.4	2.8	15.4	47.8	8.1	1.94	0.21
榆树叶	89.4	17.9	2.7	13.1	41.7	14.0	2.01	0.17
枸树叶	89.4	24.6	4.6	10.6	35.9	13.9	2.98	0.20
榛树叶	91.9	13.9	5.3	13.3	54.8	4.6	—	—
紫荆叶	92.1	15.4	5.5	26.9	37.9	6.4	2.43	0.10
香椿叶	93.1	15.9	8.1	15.5	46.3	7.3	—	—
白杨叶	32.5	5.7	1.7	6.2	17.0	1.9	0.43	0.08
家杨叶	91.5	25.1	2.9	19.3	33.0	11.2	3.36	0.40
响树叶	91.1	18.4	5.5	18.5	39.2	12.4	—	0.31
柞树叶	88.0	10.3	5.9	16.4	49.3	6.2	0.88	0.18
柠条叶	95.5	26.7	5.2	24.3	32.8	6.5	—	—
黑子桑叶	94.0	22.3	7.0	12.3	38.6	13.8	—	—
沙棘叶	94.8	28.4	8.0	12.6	40.0	8.5	—	—
五倍子叶	90.8	16.6	5.1	12.2	49.2	7.7	1.91	0.13
苹果叶	95.2	9.8	7.0	8.6	59.8	10.0	2.09	0.13

（六）多汁饲料

多汁饲料包括块根、块茎、瓜类等，常用的有胡萝卜、白萝卜、甘薯、马铃薯、木薯、菊芋、南瓜、西葫芦等。

多汁饲料的营养特点是水分含量高，达75%～90%，干物质含量低，消化能低，属大容积饲料。粗纤维、蛋白质、矿物质（如钙、磷）和B族维生素含量也少。但多数富含胡萝卜素。多汁饲料具有较好的适口性，还具有轻泻和促乳作用，是冬季和初春缺青季节家兔的必备饲料。在这类饲料中，以胡萝卜质量最好。一是含有一定量的蔗糖和果糖，具有甜味，适口性好；二是蛋白质含量较高，达 1.27%；三是含有丰富的胡萝卜素，每千克鲜样中含量达 2.11 ~ 2.72 mg。长期饲喂胡萝卜，对提高兔群繁殖力有良好的效果。

利用多汁饲料应注意以下几点。

①控制喂量。由于该类饲料含水分高，多具寒性，饲喂过多，尤其是仔、幼兔，易引起肠道过敏，发生粪便变软，甚至腹泻。一般以日喂 50 ~ 300 g 为宜。

②饲喂时应洗净、晾干再喂。最好切成丝倒入料盒中喂给。

③贮藏不当时，该类饲料极易发芽、发霉、染病、受冻，喂前应做必要的处理。对于发霉腐烂的胡萝卜，染有黑斑病的甘薯，应切掉发霉变质的部分，然后洗净晾干后再喂；对于发芽的马铃薯，要刮掉青皮，挖掉芽眼，最好煮熟后再喂。

五、矿物质饲料

矿物质饲料是指可供饲用的天然的、化学合成的或经特殊加工的无机饲料原料或矿物质元素的有机络合物原料。如石灰石粉、沸石粉、膨润土、动物骨粉、贝壳粉、磷酸氢钙、硫酸铜、蛋氨酸锌等。兔用一般饲料中，虽然含有一定量的矿物质元素，但远远不能满足其繁殖、生长和兔皮、兔毛生产的需要，必须按一定比例额外添加。

（一）钙源性饲料

1. 碳酸钙（石灰石粉）

碳酸钙俗称石粉，呈白色粉末，主要成分是碳酸钙，含钙量不可低于 33%，一般为 38% 左右，是补充钙质营养最廉价的矿物质饲料。有些石粉含有较高的其他元素，特别是有毒元素（重金

属、砷等）含量高的不能用作饲料级石粉。

一般来说，碳酸钙颗粒越细，吸收率越好。

2. 贝壳粉

软体动物的外套膜具有一种特殊的腺细胞，其分泌物可形成保护身体柔软部分的钙化物，称为贝壳。贝壳粉是各种贝类外壳经加工粉碎而成的粉状产品。优质的贝壳粉含钙高达 36%，杂质少，呈灰白色，杂菌污染少。贝壳粉常掺有沙砾、铁丝、塑料品等杂物，使用时要注意。

3. 蛋壳粉

蛋壳粉是蛋加工厂的废弃物，包括蛋壳、蛋膜、蛋白等混合物，经干燥粉碎而得，含钙量为 29%～37%、磷 0.02%～0.15%。自制蛋壳粉时应注意消毒，在烘干时最后产品温度应达 82℃，以保证消毒，以免蛋白腐败，甚至传染疾病。

4. 石膏

石膏的主要成分为硫酸钙，分子式 $CaSO_4 \cdot nH_2O$，结晶水多为 2 个分子，颜色为灰黄色至灰白色，高温高湿条件下可潮解结块。钙含量 20%～21%，硫含量 16.7%～17.1%。石膏因其含有高量的氟、砷、铝等品质较差，使用时要注意。石膏还有预防家兔异食癖的作用。石膏粉有掺杂滑石粉的问题，要注意识别。

5. 白云石

白云石是碳酸钙和碳酸镁的天然混合物，含镁量低于 10%，含钙 24%，饲用效果不如碳酸钙类。

6. 方解石

方解石主要为碳酸钙，含钙 33%以上。

7. 白垩石

白垩石主要是碳酸钙，含钙 33%以上。

8. 乳酸钙

乳酸钙为无色无味的粉末，易潮解，含钙 13%，吸收率较其他钙源高。

9. 葡萄糖酸钙

葡萄糖酸钙为白色结晶或粒状粉末，无臭无味，含钙 8.5%，消化利用率高。

（二）磷源性饲料

磷源性饲料多属于磷酸盐类，成分见表 2-44。

表 2-44　几种磷补充料的成分　　　　（%）

饲料名称	磷	钙	钠	氟（mg/kg）
磷酸氢二钠	21.81	—	32.38	—
磷酸氢钠	25.8	—	19.15	—
磷酸氢钙（商业用）	18.97	24.32	—	816.67

所有含磷饲料必须脱氟后才能使用，因为天然矿石中均含有较高的氟，一般高达 3%～4%，一般规定含氟量 0.1%～0.2%，过高容易引起家兔中毒。

（三）钙磷源性饲料

1. 骨粉

骨粉以家畜骨骼为原料，一般经蒸气高压下蒸煮灭菌后，再粉碎而制成的产品。根据加工方法不同，可分为蒸骨粉、生骨粉、脱胶骨粉等，以脱胶骨粉最佳，蒸骨粉次之，生骨粉因含有较多的有机质，钙、磷含量低，质地坚硬，不易消化，易腐败，饲喂效果较差。骨粉一般含钙 24%～30%，磷 10%～15%，钙磷比例平衡，大体为 2：1（表 2-45），利用率高，是家兔最佳钙磷补充料。但若加工时未灭菌，常携带大量细菌，易发霉结块，产生异臭，故使用时必须注意。

表2-45　骨粉的矿物质成分　　（%）

类别	干物质	钙	磷	氯	铁	镁	钾	钠	硫	铜	锰
煮骨粉	93.6	22.96	10.25	0.09	0.044	0.35	0.23	0.74	0.12	8.50	3.90
蒸制骨粉	95.5	30.14	14.53	—	0.084	0.61	0.18	0.46	0.22	7.40	13.80

2. 磷酸氢钙

磷酸氢钙又叫磷酸二钙，为白色或灰白色粉末，化学式为 $CaHPO_4 \cdot nH_2O$，通常含2个结晶水，含钙不低于23%，磷不低于18%。磷酸氢钙的钙、磷利用率高，是优质的钙磷补充料，目前家兔日粮中广泛应用。

3. 磷酸一钙

磷酸一钙又名磷酸二氢钙，为白色结晶粉末，分子式为 $Ca(H_2PO_4) \cdot nH_2O$，以一水盐居多，含钙不低于15%，磷不低于22%。

4. 磷酸三钙

磷酸三钙为白色无臭粉末，分子式为 $Ca_3(PO_4)_2 \cdot H_2O$ 和 $Ca_3(PO_4)_2$ 两种，后者居多，含钙32%，磷18%。

注意事项：在确定选用或选购具体种类的钙磷补充料时，应考虑下列因素：①纯度；②有害物含量（氟、砷、铅）；③细菌污染与否；④物理形态（如细度等）；⑤钙磷利用率和价格。应以单位可利用量的单价最低为选用选购原则。

（四）钠源性饲料

食盐

钠和氯是家兔必需的无机物，而植物性饲料中钠、氯含量都少。此外，食盐还可以改善口味，提高家兔的食欲。食盐是补充钠、氯的最简单、价廉和有效的添加源。食盐中含氯60%，含钠39%，碘化食盐中还含有0.007%的碘。在家兔日粮中添加0.5%食盐完全可以满足钠和氯的需要量，高于1%对兔的生长有抑制作用。

添加食盐的方法：可直接加入配合饲料中，这时要求食盐有较细的粒度，应 100% 通过 30 目筛；也可以直接将食盐放入饮水中饮用，但要注意浓度和饮用量；也可放置盐砖，任兔自由舔食。

使用含盐量高的鱼粉、酱渣时，要适当减少食盐添加量，防止食盐中毒。

（五）天然矿物质原料

1. 稀土

稀土是化学元素周期表中镧系元素和化学性质相似的钪、钇等 17 种元素的总称。在养殖业应用研究表明，对畜禽生长发育、繁殖及生产性能等有明显的促进作用，对人畜安全无害。此外，稀土价格低廉，使用方便，是一种很有前途的添加剂。

据报道，用白色稍红的粉粒状硝酸稀土（以氧化物计算，稀土含量为 38%）0.03% 添加于肉兔日粮中，日增重提高 2.38%（$P<0.01$），每增重 1 kg 活重，节约 0.527 kg 饲料。生长獭兔日粮每千克中添加 250 mg 硝酸稀土，日增重、饲料转化率分别比对照组提高 21.44%（$P<0.01$）和 16.64%。试验兔被毛柔顺，光泽好。毛兔日粮中添加稀土，优质毛比例升高，产毛量也有提高的趋势，产毛率显著升高。每千克日粮中添加 200 mg 稀土对热应激公兔睾丸机能恢复有较好效果。

2. 沸石

沸石是一族含碱金属或碱土金属的多孔的硅铝酸盐晶体矿物的总称，被称为"非金属之王"。含有钙、锰、钠、钾、铝、铁、铜、铬等 20 余种家兔生长发育所必需的矿物元素。已发现天然沸石有 40 余种。

沸石其共同特性是有选择性的吸附性能和可逆的离子交换性。因此，在家兔营养、养殖环境、饲料质量的改进等方面具有多种作用。天然沸石中所含的金属元素，多以可交换的离子状态存在。饲料在消化过程中产生的氨、硫化氢、二氧化碳、水等极

性分子，极易与沸石晶体内的金属离子交换，迫使沸石中的大部分离子析出供兔体吸收，同时降低了胃肠中氨、硫化氢、二氧化碳的浓度，改善了胃肠环境。此外，沸石微黏，还可刺激胃壁和肠道，促进机体对养分的吸收，提高饲料利用率。沸石还具有吸附肠道中某些病原菌、减少幼兔腹泻、提高抗病力的性能。据俄罗斯研究人员报道，獭兔饲日中添加3%沸石，兔皮质量明显提高。家兔日粮中用量为3%～5%。

3. 麦饭石

麦饭石因其外貌似饭团而得名，是由花岗岩风化形成的一种对生物无毒无害，具有一定生物活性的矿物保健药石。

麦饭石含有钠、钾、钙、磷、镁、铁、锌、铜、锰、硒、铬、钼、镍、矾等多种动物必需的元素，含量因产地不同而不同（表2-46）。

表2-46　麦饭石微量元素含量　　　　　　（mg/kg）

类别	锌	铜	锰	铬	钼	钴	镍	锶	硒	矾
中华麦饭石	80.00	4.81	—	32.00	2.00	3.00	4.20	450.00	0.03	130.00
定远麦饭石	40.82	14.74	383.19	52.64	–	11.157	34.65	—	—	—

麦饭石在动物胃肠道可溶出对动物体有益的矿物元素，而对机体有害的物质如铅、汞、镉等重金属及砷和氰化物，有较强的吸附能力和离子交换能力。麦饭石属黏土矿物，在消化道可提高食物的滞留性，使养分在消化道内充分吸收，故可提高饲料利用率。麦饭石还可提高动物体免疫力。

肉兔日粮中添加4%麦饭石，日增重提高44.23%，料肉比降低11.63%。

4. 海泡石

海泡石是一种富含镁质的纤维状硅酸盐黏土矿物。为浅灰色或灰白色，呈土状或片状，有蜡状光泽，质细腻，有特殊的层链状结构。它具有良好的吸附性、流变性、离子交换性、热稳定性，同时具有催化性和粘合调剂作用。饲料中添加海泡石，可以在饲料中形成胶体，使饲料在肠道的流动速度减慢，提高饲料中蛋白质、微量元素和维生素的吸收率；也可作粘合剂和抗结块剂，提高颗粒饲料质量，防止营养物聚集成团；它还可用于兔舍垫圈，起除臭、吸水作用，降低舍内氨气、硫化氢、二氧化碳浓度及湿度，达到改善兔舍饲养环境的目的。家兔日粮中添加2%～4%的海泡石粉，对促进家兔生长、提高饲料利用率有明显效果。

5. 凹凸棒石

凹凸棒石是一种镁铝硅酸盐，含有多种家兔必需的常量元素和微量元素（表2-47）。

表2-47 凹凸棒石矿物质含量 （mg/kg）

元素	含量	元素	含量	元素	含量
钙	124 000	锌	41	钛	150
磷	480	钼	0.9	钒	50
钠	500	钴	10	铅	9
钾	4 200	硒	1	汞	0.03
镁	108 200	锰	1 380	砷	0.91
铁	14 800	氟	361	铬	30
铜	20	锶	500		

凹凸棒石呈三维立体全链结构及特殊的纤维状晶体形，具有离子交换、胶体、吸附、催化等化学特性。饲料中添加凹凸棒石具有促进兔的生长，提高饲料利用率，改善蛋白质等营养物质利用率的作用。

据报道，毛兔日粮中添加10%凹凸棒石粉，产毛量提高12.2%（$P<0.05$），日增重提高28.6%，兔毛光泽度好。

6. 蛭石

蛭石是一种含水铁质硅铝酸盐矿物质，呈鳞片状。含钙、

镁、钠、钾、铝、铁、铜、铬等多种动物所需矿物元素。具有较强的阳离子交换性，能携带某些营养物质，如液体脂肪等；还具有抑制霉菌生长的作用，是防霉剂很好的载体。

（六）维生素饲料

维生素饲料指工业合成或提取的单一种或复合维生素制剂，但不包括富含维生素的天然青绿饲料。

1. 维生素 A

常以维生素 A 乙酸酯和维生素 A 棕榈酸酯居多。维生素 A 乙酸酯为淡黄色至红褐色球状颗粒，维生素 A 棕榈酸酯为黄色油状或结晶固体。维生素 A 添加剂型有油剂、粉剂和水乳剂。目前我国生产的饲料维生素 A 多为粉剂，主要有微粒胶囊和微粒粉剂。

维生素 A 稳定性与饲料贮藏条件有关，在高温、潮湿以及有微量元素和脂肪酸败情况下，维生素 A 易氧化而失效。

2. 维生素 D

多用维生素 D_3，外观呈奶油色细粉，含量为 10 万～ 50 万 IU/g。剂型有微粒胶囊、微粒粉剂、β – 环糊精包被物和油剂等。鱼肝油中维生素 D 是 D_2 和 D_3 的混合物，维生素 AD 制剂也是常用的添加形式。

维生素 D_3 稳定性也与贮藏条件有关，即在高温、高湿及有微量元素情况下，受破坏加速。

3. 维生素 E

维生素 E 添加剂多由 D–α–生育酚乙酸酯和 DL–α–生育酚乙酸酯制成，外观呈淡黄色黏稠油状液。商品剂型有粉剂、油剂和水乳剂。

维生素 E 在温度 45℃条件下可保存 3 ～ 4 个月，在配合饲料中可保存 6 个月。

4. 维生素 K

多用维生素 K_3 制品，有以下剂型。

（1）亚硫酸氢钠甲萘醌（MSB）。商品剂型有两种，一种是含量为94%的高浓度产品，稳定性差，但价格低廉；另一种是含量为50%，用明胶微囊包被而成，稳定性好。

（2）亚硫酸氢钠甲萘复合物（MSBC）。系一种晶体粉状维生素K制剂，稳定性好，是目前使用最广泛的维生素K制剂。

（3）亚硫酸嘧啶甲萘醌（MPB）。是最新产品，含活性成分50%，是稳定性最好的一种剂型，但具有一定毒性，应限量使用。

维生素K在粉状料中较稳定，对潮湿、高温及微量元素的存在较敏感，饲料制粒过程中有损失。

5. B族维生素

B族维生素及维生素C添加剂的规格要求见表2-48。

表2-48　B族维生素及维生素C的规格要求　　　（%）

种类	外观	含量	水溶性
盐酸维生素 B_1	白色粉末	98	易溶于水
硝酸维生素 B_1	白色粉末	98	易溶于水
维生素 B_2	橘黄色到褐色细粉	96	很少溶于水
维生素 B_6	白色粉末	98	溶于水
维生素 B_{12}	浅红色到浅黄色粉末	0.1～1	溶于水
泛酸钙	白色到浅黄色粉末	98	易溶于水
叶酸	黄色到橘黄色粉末	97	水溶性差
烟酸	白色到浅黄色粉末	99	水溶性差
生物素	白色到浅褐色粉末	2	溶于水或在水中弥散
氯化胆碱（固态）	白色到褐色粉末	50	部分溶于水
维生素C	无色结晶，白色到淡黄色粉末	99	溶于水

使用维生素饲料应注意的事项。

第一，维生素添加剂应在避光、干燥、阴凉、低温环境下分类贮藏。

第二，目前家兔饲料中添加的维生素多使用其他畜禽所用维生素添加剂，这时应按兔营养标准中维生素的需要量，再根据所用维生素添加剂其中活性成分的含量进行折算。

第三，饲料在加工（如制粒）、贮藏过程中的损失，因维生素种类、贮藏条件不同，损失大小不同，需要量的增加比例也不同，见表2-49、表2-50、表2-51。

表2-49　影响畜禽维生素需要量的各种因素及其增加比例

影响因素	受影响的维生素	维生素需要量的增加比例（%）
饲料组成	全部维生素	提高 10～20
环境温度	全部维生素	提高 20～30
舍饲笼养	B 族维生素、维生素 K_3	提高 40～80
使用未经稳定处理的产品	维生素 A、维生素 D_3	提高 100 或更多
过氧化脂肪	维生素 E、维生素 K_3	
采用亚麻籽饼	维生素 B_6	提高 50～100
肠道有寄生虫（球虫、线虫等）	维生素 A、维生素 K_3 和其他	

表 2-50　维生素在预混料、颗粒饲料中的稳定性（损失／月）　（%）

饲料种类	氯化胆碱	维生素				
		核黄素、烟酯、维生素 E、泛酸、维生素 B_{12}，生物素	叶酸、维生素 A、维生素 D_3、吡哆醇、硝酸硫胺素	盐酸硫胺素	甲萘醌抗坏血酸
含微量元素和胆碱的预混料	0	< 0.5	0.5	1	1
含微量元素和胆碱的预混料	< 0.5	5	8	15	30
颗粒饲料	1	3	6	10	25
稳定性	很高	高	中	低	很低

表 2-51 B 族维生素、维生素 C 添加剂在配合饲料中的稳定性

种类	稳定性
维生素 B	在饲料中每月损失 1%～2%，对高温氧化剂、还原剂敏感，pH 值 3.5 时最适宜
维生素 B_2	一般每年损失 1%～2%，但有还原剂和碱存在时，稳定性降低
维生素 B_6	正常情况下每月损失不到 1%，对高温、碱和光较敏感
维生素 B_{12}	每月损失 1%～2%，但在高浓度氯化胆碱、还原剂及强酸条件下，损失加快，在粉料中很稳定
泛酸	一般每月损失约 1%，在高湿、高温和酸性条件下损失加快
烟酸	正常情况下，每月损失不到 1%
生物素	正常情况下，每月损失不到 1%
叶酸	在粉料中稳定，对光敏感，pH 值 <5 时稳定性差
维生素 C	对制粒和微量元素敏感，室温下贮藏 4～8 周损失 10%

此外，家兔在转群、刺号、注射疫苗时，可增加维生素 A、维生素 E、维生素 C 和某些 B 族维生素，以增强抗病力。为此目的添加的维生素需增加 1 倍或更多的添加量。

六、饲料添加剂

饲料添加剂是指为了补充营养物质，保证或改善饲料品质，提高饲料利用率，促进动物生长和繁殖，保障动物健康而掺入饲料中的少量或微量营养性及非营养性物质。我国将饲料添加剂分为两种类型：一是营养性饲料添加剂，如赖氨酸、蛋氨酸等；二是非营养性添加剂，如饲料防腐剂、饲料粘合剂、驱虫保健剂等。添加剂的用量极少，但作用极大。家兔配合饲料中应用添加剂，不仅是提高兔产品数量和质量的需要，也是合理利用我国饲料资源的需要。

（一）营养性添加剂

1. 微量元素添加剂

（1）铁补充料。主要有硫酸亚铁、硫酸铁、碳酸亚铁、氯化

亚铁、柠檬酸铁、葡萄糖酸铁、富马酸铁、DL–苏氨酸铁、蛋氨酸铁等。最常用的一般为硫酸亚铁，其利用率高，成本低；有机铁利用率高，毒性低，但价格昂贵。

硫酸亚铁通常为七水盐和一水盐，前者为绿色结晶颗粒，溶解性强，利用率高，含铁为20.1%，长期暴露在空气中时，部分二价铁会氧化成三价铁。颜色由绿色变成黄褐色，降低了铁的利用率。一水硫酸亚铁为灰白色粉末，由7个结晶水硫酸亚铁加热脱水而得，因其不易吸潮起变化，所以加工性能好，与其他成分的配伍性好。

（2）铜补充料。主要有硫酸铜、氧化铜、碳酸铜、碱式碳酸铜等。

硫酸铜常是五水硫酸铜，为蓝色晶体，含铜25.5%，易溶于水，利用率高，易潮解，长期贮藏易结块，使用前应脱水处理。而1个结晶水的硫酸铜克服了五水硫酸铜的缺点，使用方便，更受欢迎。

氧化铜为黑色结晶体，对饲料中其他营养成分破坏较小，加工方便，使用普遍。碱式碳酸铜为青绿色，无定形粉末或暗褐色的结晶，化学式为 $CuCO_3 \cdot Cu(OH)_2$。

（3）锌补充料。有硫酸锌、碳酸锌、氧化锌、氯化锌、醋酸锌、乳酸锌等以及锌与蛋氨酸、色氨酸的络合物等。

市场上的硫酸锌有7个结晶水和1个结晶水盐。七水硫酸锌为无色结晶，易溶于水，易潮解，含锌22.7%，加工时需脱水处理。一水硫酸锌为乳黄色至白色粉末，易溶于水，含锌36.1%，加工性能好，使用方便，更受欢迎。

氧化锌为白色粉末，与硫酸锌有相同的效果，有效含量高（含锌80.3%），成本低，稳定性好，贮存时间长，不结块，不变性，对其他活性物质无影响，具有良好的加工特性，越来越受到欢迎。

碳酸锌为白色、无臭的粉末，市场上多为碱式碳酸锌，锌含量55%～60%。

据报道，若以氧化锌生物学价值为100%，那么碳酸锌为

102.66%，硫酸锌为103.65%，以硫酸锌为最高。

（4）锰补充料。主要有硫酸锰、碳酸锰、氧化锰、氯化锰、磷酸锰、柠檬酸锰、醋酸锰、葡萄糖酸锰等。

市场上硫酸锰一般为1个结晶水的硫酸锰，为白色或淡粉红色粉末，易溶于水，中等潮解性，稳定性高，含锰32.5%。硫酸锰对皮肤、眼睛及呼吸道黏膜有损伤作用，故加工、使用时应戴防护用具。

碳酸锰为白色、无定形、无臭粉末，市场上多为1个结晶水的碳酸锰，含锰41%。

氧化锰主要是一氧化锰，化学性质稳定，相对价格低，含锰77.4%，有取代硫酸锰的趋势。

（5）碘补充料。主要有碘化钾、碘化钠、碘酸钾、乙二胺二氢碘化物。

碘化钾为白色结晶粉末，易潮解，易溶于水。碘化钠为无色结晶。二者皆无臭味，具苦味及碱味，利用率高，但其碘稳定性差，通常添加柠檬酸铁及硬脂酸钙（一般添加10%）作为保护剂，使之稳定。

碘酸钾含碘59.3%，稳定性比碘化钾好。

碘酸钙为白色结晶或结晶性粉末，无味或略带碘味，多用其0～1个结晶水的产品，其含碘量为62%～64.2%，基本不吸水，微溶于水，很稳定，其生物学效价与碘化钾相同，正逐渐取代碘化钾。

（6）硒补充料。主要有亚硒酸钠、硒酸钠及有机硒（如蛋氨酸硒）。

亚硒酸钠为白色到粉红色结晶粉末，易溶于水，五水亚硒酸钠含硒为30%，无水亚硒酸钠含硒45.7%。

硒酸钠为白色结晶粉末，无水硒酸钠含硒为45.7%。

亚硒酸钠和硒酸钠均为剧毒物质，操作人员必须戴防护用具，严格避免接触皮肤或吸入粉尘，加入饲料中应注意用量和均匀度，以防中毒。

（7）钴补充料。主要有碳酸钴、硫酸钴、氯化钴等。

碳酸钴含钴 49.6%，为血青色粉末，能被家兔很好利用，不易吸湿，稳定，与其他微量活性成分配伍性好，具有良好的加工特性，故被广泛应用。

硫酸钴有七水硫酸钴和一水硫酸钴。七水硫酸钴为暗红色透明结晶，易吸湿返潮结块，应用时应脱水。一水硫酸钴为青色粉末，使用方便。

氯化钴一般为粉红色或紫红色结晶粉末，含钴 45.3%，是应用最广泛的钴添加物。

2. 常量元素添加剂

（1）镁补充料。主要有硫酸镁、氧化镁、碳酸镁、醋酸镁和柠檬酸镁。

硫酸镁常用七水硫酸镁，为无色柱状或针状结晶，无臭，有苦味及咸味，无潮解性，生物学利用率好，但因具有轻泻作用，用量应受限制。

氧化镁为白色或灰黄色细粒状，稍具潮解性，暴露于水气下易结块。据报道，每千克兔日粮中添加氧化镁 2.27 g，可有效预防兔食毛癖的发生。

（2）硫补充料。常用的有蛋氨酸、硫酸盐（硫酸钾、硫酸钠、硫酸钙等）。蛋氨酸的硫利用率很高。研究表明：当家兔日粮中含硫氨基酸不足时，日粮中补充硫酸钠能明显提高氮的利用率，同时对提高干物质和有机物质的消化率也有作用。赵国先等（1995）报道，以含硫氨基酸为需要量的 80%～96% 时，添加 0.2%～0.4% 硫酸钠，明显提高肉兔日增重、饲料转化率和屠宰率。其中以含硫氨基酸为需要量的 96% 时添加 0.2% 硫酸钠，效果最佳。当日粮中含硫氨基酸 100% 满足时，再添加 0.2% 硫酸钠，不能进一步促进生长。

3. 兔用复合微量元素添加剂

（1）兔用矿物质添加剂。目前使用的兔矿物质添加剂配方为硫酸亚铁 5 g，硫酸铝、氯化钴各 10 g，硫酸镁、硫酸铜各 15 g，硫酸锰、硫酸锌各 20 g，硼砂、碘化钾各 1 g，干酵母 60 g，土霉素 20 g，将上述物质混匀（碘化钾最后混合），再取 10 kg 骨粉或贝壳粉、蛋壳粉充分混合，装于塑料袋内保存备用。使用时按 1%～2% 配入精料中饲喂。

（2）兔用微量元素和维生素预混料配方见表 2-52。该预混料的添加量为配合饲料的 1%。

表 2-52　兔用微量元素和维生素预混料配方　　　（mg/kg）

成分	含量	成分	含量
维生素 A（IU）	500 000	铁	1 500
维生素 D_3（IU）	150 000	锰	3 000
维生素 E	4 000	铜	200
维生素 B_1	3	钴	200
氯化胆碱	50 000	锌	1 000
尼克酸	1 500	碘	200
维生素 C	5 000		

（3）Cheeke 推荐的兔用矿物质—维生素预混料配方见表 2-53。

表 2-53　兔用矿物质—维生素预混料配方　　　（%）

成分	含量	成分	含量
磷酸钙	70	硫酸钴	0.065
碳酸镁	13.8	硫酸锰	0.035
碳酸钙	7.7	碘化钾	0.005
氯化钠	7.7	维生素 A（IU/kg）	1 000
氯化铁	0.535	维生素 D（IU/kg）	100
硫酸锌	0.1	维生素 E（mg/kg）	5

（4）英国 JennyIang《商品兔营养》综述中介绍的全价配合日
粮中推荐矿物质水平见表 2-54。

表 2-54　全价配合饲料推荐矿物质水平（风干基础）

矿物元素	12 周龄前生长兔	泌乳兔	矿物元素	12 周龄前生长兔	泌乳兔
钙（%）	0.8	1.1	氯化物（%）	0.4	—
磷（%）	0.5	0.8	锌（mg/kg）	50	—
钾（%）	0.8	0.9	铜（mg/kg）	5	—
镁（%）	0.4	—	钴（mg/kg）	1	—
钠（%）	0.4	—			

（二）氨基酸添加剂

目前作为饲料添加剂的氨基酸主要有以下几种。

1. 蛋氨酸

主要有 DL- 蛋氨酸和 DL- 蛋氨酸羟基类似物（MHA）及其
钙盐（MHA-Ca）。此外，还有蛋氨酸金属络合物，如蛋氨酸锌、
蛋氨酸锰、蛋氨酸铜等。

DL- 蛋氨酸为白色至淡黄色结晶或结晶性粉末，易溶于水，
有光泽，有特异性臭味，一般饲料的纯度要求在 98.5% 以上。近
些年还有部分 DL- 蛋氨酸钠（DL-MetNa）应用于饲料。

蛋氨酸羟基类似物在家兔体内可能变为蛋氨酸而发挥作用，
是由美国孟山都公司生产。作为商品用的主要是孟山都产品干
燥 MHA，外观为深褐色黏液，带有硫化物的特殊气味，含水约
12%，因其成本低于蛋氨酸，而受到用户欢迎。

羟基蛋氨酸钙，又称 MHA-Ca，是羟基蛋氨酸的钙盐，外观
为浅褐色粉末或颗粒，带有硫化物的特殊气味，溶于水。商品羟
基蛋氨酸钙含量 >97%，其中无机钙盐含量 <15%。

N- 羟基蛋氨酸钙，商品名为麦普伦，由德国迪高沙公司研

制生产，外观为可自由流动的白色粉末，带有硫化物的特殊气味，蛋氨酸含量 >67.6％，其中钙含量 <9.1％。

蛋氨酸金属络合物随着价格的降低，将更广泛地应用于家兔饲料生产中。一般动物性蛋白质内含有丰富的蛋氨酸，而植物性蛋白质内缺乏，故家兔日粮中缺乏鱼粉等动物性蛋白质饲料时，要注意补充蛋氨酸添加剂。一般添加量为 0.05％～ 0.3％。

2. 赖氨酸

目前作为饲料添加剂的赖氨酸主要有 L- 赖氨酸和 DL- 赖氨酸。因家兔只能利用 L- 赖氨酸，所以兔用赖氨酸添加剂主要为 L- 赖氨酸，对 DL- 赖氨酸产品应注意其标明的 L- 赖氨酸含量保证值。

作为商品的饲用级赖氨酸，通常是纯度为 98.5％以上的 L- 赖氨酸盐酸盐，相当于含赖氨酸（有效成分）78.8％以上，为白色至淡黄色颗粒状粉末，稍有异味，易溶于水。

除豆饼外，植物性饲料中赖氨酸含量低，特别是玉米、大麦、小麦中甚缺，且麦类中的赖氨酸利用率低。动物性饲料中鱼粉的赖氨酸含量高，肉骨粉中的赖氨酸含量低，利用率低。

所以当饲料中缺乏鱼粉或蛋白质水平较低时，应注意补充赖氨酸，以节约蛋白质，促进家兔生长和改善胴体品质，一般饲料中添加 L- 赖氨酸量为 0.05％～ 0.2％。

3. 色氨酸

作为饲料添加剂的色氨酸有 DL- 色氨酸和 L- 色氨酸，均为无色至微黄色晶体，有特异性气味。

色氨酸属第三或第四限制性氨基酸，是一种很重要的氨基酸，具有促进 r- 球蛋白的产生、抗应激、增强兔体抗病力等作用。一般日粮中添加量为 0.1％左右。

4. 苏氨酸

作为饲料添加剂的主要有 L- 苏氨酸，为无色至微黄色结晶性粉末，有极弱的特异性气味。在植物性低蛋白日粮中，添加苏

氨酸效果显著。一般日粮中添加量为 0.03％左右。

（三）维生素添加剂

详见本书维生素饲料部分。

（四）非营养性添加剂

非营养性添加剂主要包括抗生素、化学合成抗菌剂及益生素、酶制剂、酸化剂、抗氧化剂、粘合剂、防霉剂等。

1. 生长促进剂　根据农业农村部 194 号文件精神，从 2020 年 7 月 1 日期起禁止在饲料中添加任何促生长添加剂，为此，抗生素生长促进剂内容予以省去。

2. 抗球虫药

球虫病是影响养兔业最主要的疾病之一。肠道和肝脏球虫病可以引起腹泻和死亡。兔业生产中抗球虫药常常用作预防性治疗，以减少球虫病带来的损失。家兔笼养，加之使用预防用药，从而在现代兔业生产中使球虫病的发生减少至易于管理的水平。

家兔抗球虫病药物很多，我国兽药名录中仅有地克珠利一种抗球虫药。表 2-55 中介绍欧盟允许使用的用于家兔的抗球虫病药物。

表 2-55　抗球虫药

名称	每吨饲料中用量（g）	欧盟注册状况	停药期（天）	备注
氯苯胍	50 ～ 66	所有种类的家兔	5	控制肝球虫效果差
地克珠利	20 ～ 25	生长 - 育肥兔	5	
盐霉素	1	所有种类的家兔	1	超过推荐剂量时有采食量下降的情况

此外，二氯二甲吡啶酚和二氯二甲吡啶酚与奈喹酯的复合制剂对球虫病有效。有些成功地用于家禽的离子载体对家兔却有毒，如甲基盐酸盐、莫能菌素，要慎重使用，杜绝用马杜拉霉素。

近期，兔球虫病三价疫苗（中型艾美尔球虫 PMeGX 株＋大型艾美尔球虫 PMaSD 株＋肠艾美尔球虫 PInGX 株）在广东研制成功，这将给家兔球虫病的防控带来革命性的改变。

3. 调味剂

调味剂是为增强动物食欲，促进消化吸收，掩盖饲料组分中的不愉快气味，增加动物喜爱的气味而在饲料中加入的一种饲料添加剂。分天然调味剂和人造调味剂。剂型有固体和液体两种。

常用的调味剂主要有香料及其引诱剂、谷氨酸钠、甜味剂等。

据报道：家兔日粮中添加 0.2%～ 0.5%谷氨酸钠、2%～ 5%糖蜜或 0.05%糖精，有增进采食、提高增重的效果。另据任克良等试验结果表明，生长兔饲料中添加 0.5%甘草（甜味剂）、1%芫荽（香味剂），具有良好的诱食效果。其中添加芫荽的生长兔增重速度提高 13%。

4. 防霉防腐剂

高温、潮湿的季节和地区，微生物繁殖迅速，易引起饲料发霉变质。霉变饲料喂兔，不仅影响饲料适口性，降低采食量，降低饲料的营养价值，而且霉变产生的毒素会引起家兔腹泻，生长停滞，甚至死亡。因此，应向饲料中添加防霉防腐剂。

（1）丙酸及其盐类。主要包括丙酸、丙酸铵、丙酸钠和丙酸钙四种，对霉菌有较显著的抑菌效果，其抑菌效果依次为：丙酸＞丙酸铵＞丙酸钠＞丙酸钙。添加量：配合饲料中要求丙酸 0.3%以下，丙酸钠 0.1%，丙酸钙为 0.2%，实际添加量要视具体情况而定。

添加方法：①直接喷洒或混入饲料中。②液体的丙酸可以蛭石等为载体制成吸附型粉剂，再混入饲料中去，效果较好。

（2）富马酸和富马酸二甲酯。富马酸又称延胡索酸，为无色结晶或粉末，水果酸香味，溶解度低。富马酸二甲酯为白色结晶或粉末，略溶于水，对真菌、细菌均有抑制、杀灭作用，且抗菌作用不受 pH 值的影响，是目前广泛使用的食品饲料添加剂。在

饲料中添加量一般为 0.03%～ 0.05%，可使饲料在室温下贮存 2 个月不变质发霉，使用方法为用载体制成预混料。

目前商品防霉防腐剂多将不同的 pH 值适应范围、不同抗菌谱的防霉剂按一定比例配合，以扩大其使用范围，增加防霉效力，如"克霉""霉敌""诗华抗霉素""万保香"（霉敌粉剂）等，使用时按说明书介绍剂量添加。

5. 饲料抗氧化剂

饲料中的油脂或饲料中所含有的脂溶性维生素、胡萝卜素及类胡萝卜素等物质易被空气中的氧氧化、破坏，使饲料营养价值下降，适口性变差，甚至导致饲料酸败变质，所形成的过氧化物对动物还有毒害作用。在饲料中添加抗氧化剂，可延缓或防止饲料中物质的这种自动氧化作用。抗氧化剂大多数自身为易氧化物，常用的有以下几种。

（1）乙氧基喹啉（EMQ）。呈黄褐色或褐色黏性液体，稍有异味，几乎不溶于水，溶于丙酮、氯仿等有机溶剂，遇空气或受光线照射便慢慢氧化而变色。主要用作饲用油脂、苜蓿粉、鱼粉、动物副产品、维生素或配合饲料、预混料的抗氧化剂，目前饲料中应用最广泛。家兔饲料添加量每吨饲料添加不得超过 150 g。由于 EMQ 黏滞性高，使用时将其以蛭石、氢化黑云母粉等作为吸附剂制成含量为 10%～ 70% 的乙氧基喹啉干粉剂，这样可均匀拌入饲料中，且使用方便。

（2）丁羟甲氧苯（BHA）。又名丁羟基茴香醚，为白色或微黄褐色结晶或结晶性粉末。有特异的酚类刺激性气味，不溶于水，易溶于植物油和酒精等有机溶剂，可用作食物油脂、饲用油脂、黄油和维生素等的抗氧化剂，与丁羟甲苯、柠檬酸、维生素 C 等合用有相乘作用。添加量不超过 200 g/t。

（3）二丁基羟基甲苯（BHT）。为无色或白色的结晶块或粉末，无味或稍有气味，易溶于植物油和酒精等有机溶剂，几乎不溶于水和丙二醇。可用于长期保存油脂和含油脂较高的食品、饲料和维生素添加剂中，用量不超过 200 g/t，与 BHA 合用有相乘作用，二者总量不超过 200 g/t。

6. 粘合剂

粘合剂又称为颗粒饲料制粒添加剂。家兔属草食性动物，饲料中粗纤维比例较高，当加工颗粒饲料不易成型时需添加粘合剂，有助于颗粒的成型，提高生产能力，改善颗粒饲料质量，延长制粒机压模寿命，减少加工过程中的粉尘和运输中的粉碎现象。常用的粘合剂有以下几种。

（1）膨润土。是一种以蒙脱石为主要成分的黏土。蒙脱石一般呈白色，质地细腻，可塑性与粘结性能好。膨润土含几十种矿物质元素，主要有铝、硅、镁、钙、磷、钾、钠、铬、锰、铁、铜、锶、钒、钼、钴、镍等，是家兔良好的矿物质元素添加剂，其产生粘合性的主要来源是其中的蒙脱石，用量以不超过饲料 2% 为宜，细度要求至少 90%～95% 通过 200 目筛。

（2）糖蜜。可分为甘蔗糖蜜、甜菜糖蜜，均为制糖的副产物，因其具有一定的黏度，也可作为家兔颗粒饲料黏结剂。

（3）海泡石。作为粘合剂。海泡石除可作饲料添加剂、稀释剂外，还可作为粘合剂。

7. 除臭剂

为了防止兔尿粪的臭味污染兔舍环境，可在饲料中添加除臭剂。除臭剂主要是一些吸附性强的物质，如凹凸棒石粉、细沸石粉（或煤灰）和 $FeSO_4 \cdot 7H_2O$ 7 份 + 煤灰（或细沸石粉）3.5 份，日粮中添加 0.5%～1%，可防止恶臭。

其他类添加剂详见绿色饲料添加剂部分。

第二节　有毒饲料及其毒性钝化技术

有些植物含有有毒物质，采食后会引起家兔中毒，应杜绝作为家兔的饲料。有些常用兔饲料中含有某些有毒物质，经脱毒或

对毒性进行钝化处理，可在家兔饲料中合理使用。

一、饲料中的有毒物质及毒性钝化技术

1. 胰蛋白酶抑制因子

胰蛋白酶抑制因子 (TI) 主要存在于豆类籽实、子叶和米糠中。是一种多肽，已发现的至少有 5 种。胰蛋白酶抑制因子可引起家兔生长受阻，胰腺肥大和胰腺增生，甚至产生腺瘤。其进入家兔胃后，不被消化，再进入小肠与胰蛋白酶、糜蛋白酶结合成稳定的复合物而使酶失活，阻碍了饲料中蛋白质的消化，外源氮损失。另外，肠道中胰蛋白酶、糜蛋白酶含量下降，反馈性刺激胰腺合成和分泌这两种酶，而这些酶含有丰富的含硫氨基酸，当其在肠道中与胰蛋白酶抑制因子形成复合物而从粪便中排出体外，导致内源氮和机体含硫氨基酸大量流失，从而阻碍家兔的生长发育。

胰蛋白酶抑制因子不耐热，可通过加热而使其变性失活。加热的方法有：焙炒、烘干加热、高压蒸煮、红外线加热、微波膨化、蒸气加热等。一般蒸炒过程中温度以 100 ～ 110℃，时间以 30 ～ 60 分钟为宜。用豆饼喂兔时，最好用经热榨工序生产的豆饼，这种豆饼含胰蛋白酶抑制因子少。如用来喂兔，必须经加热处理后方可使用。

2. 大豆凝集素

大豆凝集素 (SBA) 是一种糖蛋白。存在于豆科植物中，进入兔体内引起红细胞凝集，肠黏膜受损，使兔生长受到抑制，甚至产生其他毒性。

大豆凝集素不耐热，可通过加热使其失活。

3. 胃肠胀气因子

胃肠胀气因子是一种低碳糖——棉子糖和水苏糖，存在于豆类中。动物肠道内缺乏分解二者的酶，当其进入大肠后，被肠道微生物发酵，产生大量的二氧化碳和氢、少量的甲烷，从而引起

肠道胀气，并引起腹痛、腹泻等症状。

胃肠胀气因子因耐高温，加热对其无影响，但其溶于水。

4. 棉酚

棉酚主要存在于棉籽饼粕中。棉酚按其存在形式可分为游离棉酚和结合棉酚两类。前者系分子中的活性成分，为游离形式，易溶于油和有机溶剂，是主要的毒素。结合棉酚是分子中的活性成分与蛋白质、氨基酸、磷脂等结合而被"封闭"的棉酚，一般不溶于油和有机溶剂，难以被兔体消化吸收，很快地随粪便排出体外，对兔体无害。

游离棉酚对家兔血管、神经、繁殖均有毒害作用，并使饲料中赖氨酸的利用率降低。

影响棉籽饼中游离棉酚含量的因素主要有棉籽品种、榨油工艺等。如有腺体棉籽仁棉酚含量为 1.042%，而无腺体棉籽仁中棉酚含量仅为 0.2%，螺旋压榨取油棉籽饼中游离棉酚含量为 0.03%～0.08%，先压榨后浸提加热处理的棉籽饼含量为 0.02%～0.06%，土榨饼可高达 0.3%，浸提粕为 0.011%～0.159%。

棉籽饼脱毒，主要采用化学去毒法，利用某些化学试剂使游离棉酚破坏或变成结合棉酚。据研究，Fe^{2+}、Ca^{2+}、碱、芳香胺、尿素等均具有去毒作用。最常用的是硫酸亚铁法。

Fe^{2+} 能与游离棉酚等摩尔混合，使游离棉酚变为结合棉酚而失去毒性。同时 Fe^{2+} 也能降低棉酚在家兔肝脏的蓄积量，防止中毒。对于土榨法生产的棉籽饼可加入 2% 硫酸亚铁，去毒效果达 95.4%。即 2 kg 硫酸亚铁溶于 200 kg 水中，浸泡 100 kg 粉碎的棉籽饼，中间搅拌几次，经 1 昼夜即可弃去清液，用来喂兔。机榨棉饼可加入 0.5% 硫酸亚铁，去毒效果达 55.8%。

另外，还有膨化脱毒法、固态发酵脱毒法等。据报道，市场上的季牌饲毒解，游离棉酚脱毒率达 95% 以上。脱毒后的棉饼粕中游离棉酚大大降低，因此可适当增加其在家兔日粮中的比例，

但最多不超过 10%，否则因适口性差，降低采食量，影响生产性能。

5. 硫葡萄糖苷 (GS) 降解产物、芥子碱

硫葡萄糖苷 (GS) 降解产物、芥子碱主要存在于菜籽饼中。硫葡萄糖苷本身无毒，但其在一定水分、温度条件下，经酶的作用产生四种有毒物质，即异硫氰酸脂 (ITC)、恶唑烷硫酮 (OZT)、硫氰酸酯和腈等。这些有毒物质可引起兔腹泻、泌尿系统炎症，抑制碘的转化，干扰甲状腺的生成，引起甲状腺肿大，使整个肌体代谢紊乱。异硫氰酸脂还具有辛辣味，影响适口性，降低采食量，使家兔生产性能下降。家兔大量食入未脱毒的菜籽饼时会发生中毒，一般在食入后 20 ～ 24 小时发病。病兔表现为精神委顿、不食、流涎、腹泻、腹痛、粪中带少许血液、尿频、尿血、排尿有痛苦感，排出的尿液很快凝固；肾区疼痛、拱背、后肢不能站立，呈犬坐姿势；体温稍升高 (40.3 ～ 40.8℃)，可视黏膜苍白、轻度黄染；心跳加快，呼吸增速。剖检可见，肺部轻度淤血、水肿，胃肠黏膜水肿、充血、出血，呈卡他性出血性炎症变化；肝淤血、肿大、坏死，表面浑浊无光泽，切面模糊、湿润；肾肿大，呈暗红色；脾轻度淤血；心脏松软、心室积有凝固血液。

菜籽饼脱毒方法很多，如坑埋发酵法、碱处理方法、添加专用脱毒剂等。现介绍几种常用方法。

（1）坑埋发酵法。选择向阳、干燥的地方，挖一宽 80 cm，深 70 ～ 100 cm，长 100 cm 的土坑，坑底铺一层干草，然后将已加水拌和的菜籽饼粉 (饼水比为 1∶1) 倒入坑内，盖上一层干草后覆盖 20 ～ 30 cm 土。这样经过 2 个月后，即可取出饲喂。

（2）氨水处理法。50 kg 菜籽饼加 7% 氨水 11 kg，闷盖 3 ～ 5 小时后，再放入蒸笼中蒸 40 ～ 50 分钟，取出晒干后即可饲用。

（3）碱处理法。50 kg 菜籽饼加含纯碱 15% 的溶液 12 kg，充分拌和后同氨处理法处理。

（4）解毒剂。市售的季牌饲毒解，能使菜籽饼中的毒素脱毒

率达 98% ～ 100%。

6. 氢氰酸

亚麻籽、玉米苗、高粱苗等含有氰苷，这些物质本身并无毒，但经家兔消化道水解酶作用下，产生氢氰酸。氢氰酸能抑制体内多种酶的活性，尤其是迅速与细胞组织含铁呼吸酶结合，阻止呼吸酶递送氧，使细胞组织窒息，家兔缺氧死亡。为此，不能用玉米、高粱幼苗喂兔。此外，苦杏仁、桃仁、枇杷仁、梅仁等含有苦杏仁苷。均可水解释放氢氰酸使家兔中毒。

7. 黄曲霉毒素

花生饼等含蛋白质较多饲料，由于贮藏不当，极易感染黄曲霉，产生黄曲霉毒素，其种类有 B_1、B_2、G_1、G_2、M_1、M_2 等，其中以 B_1 毒素最强，可引起家兔中毒和人患肝癌。黄曲霉毒素主要侵害肝脏。患兔表现为精神不振，食欲减退，流涎。口唇皮肤发绀、呼吸急促，有的呈仰天式端坐呼吸；消化功能紊乱，便秘，继而腹泻，粪便恶臭，混有黏液和血液；运动不灵活，最后衰竭死亡。繁殖母兔还表现屡配不孕，孕兔流产，僵胎死胎。剖检可见，胃黏膜脱落，胃底部充血、出血、肠黏膜易剥脱；肝肿大，表面呈淡黄色；肝实质变性、出血、坏死、变硬；胸膜、腹膜、肾、心肌出血，肺充血、出血。

目前对黄曲霉毒素尚无有效脱毒方法，关键在于预防。防止黄曲霉感染措施是降低花生饼中水分含量，不得超过 12%；给饲料中添加防霉剂如丙酸钠 (0.1%)、丙酸钙 1% 等。

饲料中添加维生素 E、维生素 D、维生素 A 可缓解霉菌毒素中毒程度。

8. 单宁

高粱、大麦的籽实和菜籽饼等均含有单宁，单宁主要对饲料的适口性、养分 (蛋白质、氨基酸) 的消化率、利用率有明显影响，为此，在饲料配比中，这些物质应限量。含单宁高的饲料可通过磨碎、蒸气制片、磨细粉或爆制等加工方法，改善其饲喂效

果。此外，给其中添加特异性酶制剂 (SSE)，以提高养分利用率。

9. 皂苷

皂苷具有苦味，存在于苜蓿等豆科牧草和菜籽饼中。皂苷主要对兔的采食量、增重有不良影响，并与饲料中蛋白质结合而干扰蛋白质的消化利用。

10. 草酸、草酸盐

草酸、草酸盐主要存在于菠菜、甜菜茎叶、苋菜等青饲料中，这些物质被家兔采食后，其中的草酸在消化道与钙形成不溶性的草酸钙，阻碍了机体对钙的吸收和利用。同时，草酸进入兔体后，与血清中的钙结合，产生沉积，迅速降低血钙水平，导致兔体出现肌肉痉挛等症状。因此，应控制菠菜、甜菜茎叶、苋菜等饲料的饲喂量。

二、常见的有毒植物

1. 苍耳

苍耳又名粘苍子、胡苍子等。属菊科一年生草本植物。全株生有白色短毛。叶互生，叶两面均有短毛，糙涩，边缘有缺刻及粗锯齿。黄绿色头状花序，生于枝端及叶腋处。瘦果长椭圆形，表面密生钩刺。果实中含有苍耳苷、苍耳醇以及生物碱等。全草含有氢醌、挥发油等。家兔采食过多时，会引起肚胀，呼吸困难，精神不振，1～2天内即可死亡。剖检可见，心脏、肝、肾等实质器官出血坏死等。

2. 毛茛

毛茛又名鱼疗草、野脚板、山辣椒。属毛茛科多年生草本植物。茎高 50～70 cm。根茎短缩，茎上有毛。根生叶，丛生，具长柄。叶片圆状肾形，3 深裂。叶两面均生密毛。花鲜黄色，5 瓣，表面有光泽。果实为聚合瘦果，近球形。喜生于河边、低湿草地等处。该植物含有毒成分原白头翁素，对胃肠黏膜有强烈的刺激作用，家兔食后会引起急性胃肠炎。

3. 毒芹

毒芹又名走马芹、野芹等。属伞形科多年生草本植物，茎粗壮呈圆柱形，中空如竹。2～3回羽状复叶，互生，边缘有锐锯齿，表面光滑。伞形花序，花白色。果实扁平，椭圆形或近似圆形，该植物含毒芹素、毒芹醇，还含有挥发油，油中含毒芹醛及伞花烃。家兔食后，可兴奋运动中枢和脊髓，引起强直性痉挛，还能兴奋延髓的血管、运动中枢和迷走神经中枢，引起呼吸及心脏功能障碍，最后因呼吸困难而死亡。

4. 蓖麻

蓖麻又名大麻子、金豆、天麻子果等，属大戟科一年生草本植物。茎圆柱形，直立，中空。叶大，盾形，掌状分裂，各裂开有粗锯齿。叶有长柄，互生。总状花序，花淡红色。蒴果皮上有刺。该植物茎叶和果含有蓖麻毒素、蓖麻碱及毒性蛋白等，家兔食入后可形成大量血栓，导致血液循环障碍，引起剧烈腹痛和出血性肠炎，同时可使呼吸和血管运动中枢麻痹。

5. 白头翁

白头翁又名耗子花、猫爪子等，属毛茛科多年生草本植物。株高 10～30 cm，全株密生白色绒毛。叶根出，丛生。叶片 2～3 裂。花暗紫色，钟状，外面生有绒毛。瘦果多数集成头状，密生白毛，形似白头老翁，故而得名白头翁。其根部含白头翁素、皂苷等，地上部分也含毒素，家兔采食过量，常中毒死亡。

6. 天南星

天南星又名天老星、山苞米等，属天南星科多年生草本植物。茎高 30～50 cm。叶无毛，有长柄，由 5 片小叶组成。肉穗状花序，由叶鞘伸出。浆果，成熟时红色，着生于膨大的肉穗轴上，形似苞米穗，故有山苞米之称。该植物果实中含类似毒芹碱样物质，家兔误食后，常中毒死亡。

7. 烟草

烟草属茄科一年生栽培植物。茎高 1～2 m。叶较大，椭圆

形，叶尖较尖。茎与叶都生有腺毛。短总状花序，花冠漏斗状，花粉色，果实为蒴果。该植物含烟碱、尼古丁、尼可特林等有毒成分。家兔食后会引起腹胀、腹泻、流涎、瞳孔散大，最后死亡。

8. 菖蒲

菖蒲又名水菖蒲，分白菖蒲和石菖蒲，属天南星科多年生草本植物。叶剑状，直立，长 50 ～ 80 cm。花淡黄色，特小。全草有一股特殊臭味。喜生于河沟、水池、沼泽等处，该植物含有挥发油，有丁香油酚、细辛醛、细辛醚、菖蒲酮、菖蒲二醇、异菖蒲二醇。食入兔体后能麻痹中枢神经，抑制心跳，导致死亡。

9. 马铃薯苗

马铃薯又名山药蛋、洋山芋、土豆，属茄科植物，马铃薯苗含有茄碱，能引起家兔胃肠黏膜的剧烈出血性炎症，对呼吸中枢有麻痹作用。

10. 番茄秧

番茄又名西红柿，为茄科一年生草本植物。含有澳州茄胺、澳洲茄碱、番茄定醇、茄定宁。兔食入番茄秧后，对中枢神经有强烈的麻醉作用，引起呼吸困难、窒息死亡。

11. 黄花菜

黄花菜又名金针菜、山黄花、小黄花菜、红萱等，学名萱草，属百合科多年生宿根草本植物。根和根皮含萱草根素，能损害中枢神经、肝、肾等实质器官。引起家兔后躯瘫痪，角弓反张、颈部肌肉强直、全身颤抖。黄花菜花蕾有一定滋补作用，民间多用于治疗乳汁不足，但其中含有秋水仙碱，家兔食入过量，秋水仙碱被氧化成有毒氧化二秋水仙碱。中毒症状为精神不振，眼球突出，结膜发红，鼻干，口吐白沫，呼吸困难，出现阵发性痉挛，有时连续发作，四肢无力，腹泻，运动失调等。

12. 紫菀

紫菀又名夹板菜、驴耳朵菜，为菊科多年生草本植物。含无羁萜醇、无羁萜、紫苑酮、紫菀皂苷、槲皮素，挥发油中含毛叶醇、茴香醚、乙酸毛叶酯，能使家兔在 1 小时内发病，6 小时内死亡。

13. 曼陀罗

曼陀罗又名洋金花、山茄花，属茄科一年生草本植物。全株含有莨菪碱和东莨菪碱，能使中枢神经出现高度兴奋后转入抑制，致使心跳过速，胃肠平滑肌麻痹，瞳孔散大，发生视力障碍。

14. 藜芦

藜芦又名山葱、棕包头，为百合科多年生草本植物。全株主要含藜芦碱，能使心跳变慢，血压下降，抑制呼吸。

15. 狼毒

狼毒又名狼毒大戟，为大戟科多年生草本植物。含有大戟醇、大戟树脂、硬性橡胶等，能引起消化道出血，全身痉挛，呼吸困难。

16. 钩吻

钩吻又名断肠草、胡蔓藤、大茶药，为马钱子科常绿缠绕藤本植物。含有钩吻素子、钩吻素甲、钩吻素寅、钩吻碱辰，能抑制脑和脊髓的运动神经，引起腹痛，体温下降，呼吸麻痹。

17. 马钱子

马钱子又名番木鳖、大方八、苦实，为马钱子科木质藤本植物。主要含马钱子碱，对脊髓有强烈的兴奋作用，可引起强直惊厥。

18. 秋水仙

秋水仙为百合科多年生草本植物。主要含秋水仙碱，能引起中枢神经的抑制和血液循环的障碍，发生剧烈胃肠炎。

19. 石蒜

石蒜又名龙爪花、蟑螂花、老鸦蒜，为石蒜科多年生草本植物。含有石蒜碱、伪石蒜碱、多花水仙碱、石蒜伦碱、石蒜胺碱，能引起腹痛、腹泻、抑制呼吸。

20. 苦楝

苦楝为楝科落叶乔木。含有苦楝素、苦楝毒碱。家兔采食楝树叶后能引起急性胃肠炎，呼吸急促，困难，发生缺氧症状。

21. 鸦胆子

鸦胆子又名老鸦胆，为苦木科灌木或小乔木。含有鸦胆子苷、鸦胆子醇等，能引起消化道黏膜、心内外膜、皮下组织出血，可使家兔在短时间内死亡。

22. 羊踯躅

羊踯躅又名闹羊花、黄杜鹃、惊羊草，为杜鹃花科落叶灌木。主要含马醉木毒素、煤地衣二酸甲酯，损害中枢神经系统，引起共济失调，呼吸困难。

23. 夹竹桃

夹竹桃为夹竹桃科常绿灌木植物。主要含毒苷或夹竹苷 A、B、D、F、G、H、K 等，能损害心肌，使心肌变性、出血，发生坏死，也能降低脑组织对氧的利用而发生惊厥。

24. 万年青

万年青又名白河车、开口剑、斩蛇剑，为百合科多年生常绿草本植物。含万年青苷 A、B、C、D，其中以万年青苷 A 毒力最强，可使心肌纤维变性、出血、坏死，对迷走神经有强烈的刺激作用，抑制脑组织对氧的利用。

25. 羽扇豆

羽扇豆为豆科一年生草本或多年生小灌木。含有羽扇豆毒碱，氧基羽扇豆毒碱，能引起消化道的出血性炎症，知觉麻痹。

26. 黑斑病甘薯

黑斑病甘薯由真菌中的囊子菌寄生于甘薯引起，被侵害的甘薯病变部位呈现暗褐色不规则的硬斑。含有甘薯酮、甘薯醇、甘薯二酮、甘薯酸，能引起肺水肿，呼吸困难，便秘，腹胀，体温下降。

27. 佩兰

佩兰又名省头草、鸡骨香、泽兰，为菊科多年生草本植物。

全株含有对伞花烃、5-甲基麝香草醚。能侵害肝、肾等实质器官，抑制呼吸，使体温下降和兔体麻痹。

28. 水芹

水芹又名水芹菜，为伞形科多年生草本植物。全草含水芹素、水芹素-7-甲醚、欧芹酸、酞酸二乙酯，能引起胃肠黏膜、心包膜、心内膜，皮下结缔组织、肾、膀胱黏膜充血，肺、脑膜充血，使兔体麻痹。

29. 文殊兰

文殊兰又名罗群带、水焦、朱兰叶、海焦石花石蒜，为石蒜科多年生草本植物。全株主要含石蒜碱、多花水仙碱，能引起便秘后腹泻，呼吸紊乱，全身麻痹。

30. 半边莲

半边莲又名细米草、蛇咬药、急解索，为桔梗科多年生矮小草本植物。全草含山梗菜碱、山梗菜酮碱、异山梗菜酮碱、山梗菜醇碱，对中枢神经系统有先兴奋后麻痹的作用，可引起呼吸麻痹、血压下降和惊厥。

31. 龙葵

龙葵又名天茄子、苦葵、黑茄子、野辣子、七粒扣、乌疔草，为茄科一年生草本植物。含龙葵苷、茄边碱、澳洲茄碱、茄微碱，能引起胃肠炎、脑膜及肾充血，对神经系统有麻痹作用。

32. 牵牛花

牵牛花属旋花科植物，家兔食入后，12 小时即发生中毒，表现为精神沉郁，食欲下降。呼吸促迫，口角流沫，肌肉震颤，发抖，腹泻，稀便外有白色粉液附着。胃肠出血，肺水肿。

33. 洋地黄

洋地黄又名毛地黄、紫花毛地黄，为玄参科二年或多年生草本植物。主要含洋地黄毒苷、紫花洋地黄毒苷、羟基洋地黄毒苷，可引起胃肠炎、心肌纤维变性、出血、坏死，抑制脑组织对氧的利用而发生惊厥，使泌尿减少。

34. 灰菜

灰菜又名藜、白藜、灰苋菜、胭脂菜，为藜科一年生草本植物。含卟啉类物质，能引起皮肤发生疹快，并引起中枢神经系统机能紊乱和消化机能障碍，麻痹呼吸中枢。

35. 胡萝卜缨

胡萝卜缨含有较多的硝酸盐，由于存放方法不当（如高温），经反硝化细菌酶的作用将硝酸盐还原成亚硝酸盐。另外，大量的硝酸盐进入家兔盲肠，也可由盲肠内的细菌产生硝酸还原酶将其还原成亚硝酸盐。亚硝酸盐可使血红蛋白中的二价铁转变成三价铁，使血红蛋白失去携带氧的功能，从而造成家兔全身性缺氧。呼吸中枢麻痹，窒息死亡。胡萝卜缨喂兔应限量，最好现采现喂。

36. 杏树叶、桃树叶、樱桃叶、枇杷叶、亚麻叶、木薯、南瓜藤、高粱苗、玉米苗等

这些植物叶均含有较高氰苷，在兔体内能产生氢氰酸，引起兔体中毒。

37. 被农药、除草剂污染的饲草料

随着农业生产中农药、除草剂的广泛使用，田间地头杂草、树叶甚至蔬菜等易受农药污染，稍有不慎，采集用其喂兔，就会造成群体中毒。为了防止误采集被农药污染的野草、野菜，可在采集前，先轻拨开草丛，若观察没有虫子飞进，则说明刚施过农药，不宜采集。若饲草枯萎，则可能喷过除草剂，也不宜采集。也可将每天采集的可疑草，先喂淘汰兔，未见中毒症状时，再喂给其他兔。

第三节　绿色饲料添加剂

农业农村部第 194 文件规定，从 2020 年 7 月 1 日起，饲料生产企业停止生产含有促生长类药物饲料添加剂（中药类除外）的商品饲料。第 307 号文件指出，2020 年 8 月 1 日起自配料生产纳入饲料管理体系，禁止现场添加促生长抗生素，对治疗用药也进行了规范。

针对这一规定，兔业生产者除改善养殖环境、加强饲养管理、做好生物安全防控措施外，选用高效、经济的绿色饲料添加剂将成为保证兔群健康、提高生产性能的重要内容。

一、酸化剂

能使饲料酸化的物质为酸化剂。酸化剂可以增加幼龄动物发育不成熟的消化道酸度，刺激消化酶的酶活性，提高饲料养分消化率；同时酸化剂既可杀灭或抑制饲料本身存在的微生物，又可抑制消化道内的有害菌，促进有益菌的生长。

1. 酸化剂的作用机理

（1）补充幼龄动物胃酸分泌不足，降低胃肠道 pH 值，提高消化酶的活性。添加酸化剂可使胃内 pH 值下降，激活胃蛋白酶，促进蛋白质分解。胃内 pH 值的降低还可提高胃内其他酶的活性。

（2）降低日粮 pH 值和酸的结合力，改善胃肠道微生物区系。消化道病原菌生长的适宜 pH 值均为中性偏碱，如大肠杆菌为 6.0～8.0 葡萄球菌为 6.8～7.5，梭状芽孢杆菌为 6.0～7.5. 而乳酸杆菌等有益菌适宜在酸性环境下生长。因此，酸化剂通过降低胃肠道 pH 值可抑制有害菌的繁殖，减少营养物质的消耗和有害物质的产生，同时促进有益菌的增殖。

（3）直接参与体内代谢，提高营养物质消化率，缓解应激。某些有机酸是能量代谢过程中的重要中间产物，可直接参与代谢，如延胡索酸等。在应激状态下可用于 ATP 的紧急合成，增强机体自身的抗应激能力。

（4）改善饲料适口性，增加采食量。适量的酸可提高日粮适口性，增加仔兔采食量，但酸量增加时，使适口性降低，增重速度减慢。

（5）可作为饲料保藏添加剂。丙酸和丙酸钙是很好的饲料防

霉剂，被广泛用于饲料保藏，山梨酸也是一种很好的饲料防霉剂，添加延胡索酸使预混料中维生素 A、维生素 C 的稳定性提高。

2. 酸化剂的种类

目前饲料酸化剂主要有三种：有机酸化剂、无机酸化剂和复合酸化剂。

（1）有机酸化剂可在消化道解离产生氢离子，降低 pH 值，阴离子是体内中间代谢产物，参与能量代谢。另外，多数酸化剂具有良好的风味，因此被广泛应用。常用的主要有：柠檬酸、延胡索酸、乳酸、丙酸、苹果酸、山梨酸、甲酸、二甲酸、乙酸等。

（2）无机酸化剂主要包括盐酸、磷酸等。其中磷酸既可作为酸化剂，又可作为磷的来源。

（3）复合酸化剂是利用几种特定的有机酸和无机酸复合而成。能迅速降低 pH 值，保持良好的缓冲值、生产成本和最佳添加成本。

3. 酸化剂的应用效果

目前酸化剂应用较广，主要用于提高动物日增重、降低料肉比、减少疾病、缓冲应激，并且还可作为饲料稳定剂和保藏剂。

影响酸化剂效果的因素较多，包括酸化剂的种类、添加剂量，日粮的种类、组成，动物的年龄、体重、生理状态，环境卫生情况、日粮的离子平衡和动物体内的酸碱平衡等。

本研究团队（2019）报道，生长肉兔日粮中柠檬酸添加水平为 1.5% 时可降低料重比、减少腹泻和死亡、提高粗蛋白质和粗灰分的表观消化率，同时提高肉兔盲肠微生物多样性，通过改变盲肠微生物组成比例来改变盲肠微生物的动态平衡。本研究团队将二甲酸钾与磷酸组成的复合酸化剂添加到伊拉断奶肉兔日粮中，研究表明，其可替代抗生素应用于商品肉兔日粮中，最佳添加量为 0.1%。Reda 等在生长兔日粮中添加 2 g/kg 山梨酸钾、水合铝硅酸钠钙 5 g/kg、蛋氨酸 8 g/kg 或三者的混合物能有效降低黄曲霉毒素对家兔生产性能、抗氧化能力和免疫状态的不利影响，且单独添加山梨酸钾或蛋氨酸改善效果更好。

二、中草药添加剂

中草药添加剂资源丰富，且具有促生长、提高繁殖力、防治疾病等多种功能。

1. 单方中草药添加剂

（1）大蒜。每兔日喂 2 ～ 3 瓣大蒜，可防治兔球虫、蛲虫、感冒及腹泻。饲料中添加 10% 的大蒜粉，不仅可提高日增重，还可预防多种疾病。

（2）黄芪粉。每兔每天喂 1 ～ 2 g 黄芪粉，可提高日增重，增强抗病力。

（3）陈皮。即橘子皮，肉兔日粮中添加 5% 橘皮粉可提高日增重，改善饲料利用率。

（4）石膏粉。每兔日添喂 0.5%，产毛量可提高 19.5%，也可治疗兔食毛症。

（5）蚯蚓。含有多种氨基酸，饲喂家兔有增重、提高产毛、提高母兔泌乳等作用。

方法是：取蚯蚓数条，洗净，切成 2 ～ 3 cm 长，加清水煮熟，再加适量米酒。母兔从分娩第二天起，给每只哺乳母兔每次饲料中添加 2 ～ 3 mL 原液，每天 1 ～ 2 次，连续饲喂 3 ～ 5 天，可有效增加母兔泌乳量。

（6）青蒿。青蒿 1 kg，切碎，清水浸泡 24 小时，置蒸馏锅中蒸馏取液 1 L，再将蒸馏液重蒸取液 250 mL，按 1% 的比例拌料喂服，连服 5 天，可治疗兔球虫病。

（7）松针粉。松科植物油松或马尾松等的干燥叶粉，每天给家兔添加 20 ～ 50 g，可使肉兔体重增加 12%，毛兔产毛量提高 16.5%，产仔率提高 10.9%，仔兔成活率提高 7%，獭兔毛皮品质提高。

（8）艾叶粉。在基础日粮中用 1.5% 艾叶粉代替等量小麦麸

喂兔，日增重提高18%。

（9）党参。据美国学者报道，党参根的提取物可促进兔的生长，使体重增加23%。

（10）沙棘果渣。沙棘果经榨汁后的残渣可作为兔的饲料添加剂喂兔。据报道，日粮中添加10%～60%沙棘果渣喂兔，能使适繁母兔怀胎率提高8%～11.3%，产仔率提高10%～15.1%，畸形、死胎减少13.6%～17.4%，仔兔成活率提高19.8%～24.5%，仔兔初生重提高4.7%～5.6%，幼兔日增重提高11%～19.2%，青年兔日增重提高20.5%～34.8%，还能提高母兔泌乳量，降低发病率，使兔的毛色发亮。

2. 复方中药添加剂

（1）催长剂。山楂、神曲、厚朴、肉苁蓉、槟榔、苍术各100 g，麦芽200 g，淫羊藿80 g，川军60 g，陈皮、甘草各30 g，蚯蚓、蔗糖各1 000 g，每隔3天每兔添加0.6 g，新西兰白兔、加利福尼亚兔、青紫蓝兔增重率分别提高30.7%、12.3%、36.2%。

（2）催肥散。麦芽50份，鸡内金20份，赤小豆20份，芒硝10份，共研细末，每兔每日5 g，添加2.5个月，比对照兔多增重500 g。

（3）增重剂。

方1：黄芪60%，五味子20%，甘草20%，每日每兔5 g，肉兔日增重提高31.41%。

方2：苍术、陈皮、白头翁、马齿苋各30 g，黄芪、大青叶、车前草各20 g，五味子、甘草各10 g，研成细末，每日每兔3 g，提高增重率19%。

方3：山楂、麦芽各20 g，鸡内金、陈皮、苍术、石膏、板蓝根各10 g，大蒜、生姜各5 g，以1%添加，日增重提高17.4%。

（4）催情散。党参、黄芪、白术各30 g，肉苁蓉、阳起石、巴戟天、狗脊各40 g，当归、淫羊藿、甘草各20 g，粉碎后混合，每日每兔 4 g，连喂 1 周，对无发情表现母兔，催情率 58%，受胎率显著提高，对性欲低下公兔，催情率达 75%。

三、微生态饲料添加剂

微生态饲料添加剂又叫活菌制剂、生菌剂，是指一种可通过改善肠道菌群平衡而对动物施加有利影响的活微生物饲料添加剂。具有无残留、无副作用、不污染环境、不产生耐药性、成本低、使用方便等优点，是近年来出现的一类绿色饲料添加剂。

1. 微生态制剂的种类

（1）根据其用途及作用机制分为微生物生长促进剂和微生物生态治疗剂（益生素）。

（2）根据制剂的组成可分为单一菌剂和复合菌剂。

（3）依据微生物的种类可分为芽孢杆菌类、乳酸菌类和酵母菌类微生态制剂。

2. 微生态制剂主要作用

（1）维持家兔体内正常的微生态平衡，抑制、排斥有害的病原微生物。

（2）提高消化道的吸收功能。

（3）参与淀粉酶、蛋白酶以及 B 族维生素的生成。

（4）促进过氧化氢的产生，并阻止肠道内细菌产生胺，减少腐败有毒物质的产生和防止腹泻。

（5）有刺激肠道免疫系统细胞，提高局部免疫力及抗病力的作用。

3. 使用微生态制剂时应注意的事项

（1）注意制剂的保存环境。芽孢类活菌制剂在常温下保存即可，但必须保持厌氧环境，因芽孢杆菌在有氧条件下会很快繁殖。非芽孢类活菌制剂宜低温避光保存，否则微生物极易死亡。

（2）注意制剂与饲料的混合。饲料在加工过程中，如粉碎尤其是制粒时会出现短暂的高温，一些不耐热的活菌制剂如乳酸菌

类和酵母制剂，应在制粒后添加使用。而芽孢杆菌类和有胶囊包被的活菌制剂，因能耐瞬间高温，可直接混入饲料中制粒。

饲料混合时，活菌制剂会受到来自饲料原料，尤其是矿物质颗粒的挤压、摩擦，使菌体细胞膜（壁）受损而死亡，故除芽孢杆菌和胶囊包被的活菌制剂外，一般制剂均应用较软的饲料原料如玉米面等混合后，再与其他原料混合。

饲料中的微量元素、矿物质、维生素等均会发生一系列的氧化—还原反应及 pH 值变化，从而对活菌制剂产生一定的影响，所以活菌制剂混入饲料后最好当天用完。

（3）注意菌种的选择。不同菌种其作用和效果有差异。如粪链球菌在消化道内生长速度最快，与大肠杆菌相似，且能分泌大肠杆菌干扰素，故该制剂防治腹泻效果最好，其他菌种的生长速度依次为：乳酸菌、酵母菌，而芽孢杆菌在肠道中不能繁殖，对治疗腹泻效果差。此外，动物种类不同，对菌种的要求也不同，适宜于家兔的菌株一般为乳酸菌、芽孢杆菌、真菌等。

（4）注意制剂的含菌量及保存期。我国规定，芽孢杆菌制剂每克含菌量不少于 5 亿个。用作治疗时，动物每天用量（以芽孢杆菌为例）为 15 亿～ 18 亿个；用作饲料添加剂时，一般按配合饲料的 0.1％～ 0.2％添加。若产品中活菌数不足，则影响使用效果。此外，随着保存期的延长，活菌数不断减少，所以产品应在保存期内使用。

（5）抗生素的预处理。如有高浓度的有害微生物栖居在肠道中，或有益菌不能替代有害菌时，会使制剂的功效减弱，所以在外界条件不利或卫生条件较差的情况下，使用活菌制剂前先用抗生素作预处理，以提高作用效果。但活菌制剂不能与抗生素、消毒剂或具有抗菌作用的中草药同时使用。

（6）慎重与其他添加剂配合。活菌制剂因具有活菌的特点，不能与其他添加剂随意混合，须先进行试验，以不降低制剂的活菌数为混合的标准。

4. 家兔使用微生态制剂效果

据笔者试验，肉兔日粮中添加 0.1%～ 0.2% 益生素（山西省农业科学院生物工程室提供），兔的腹泻发病率降低。另据报道，肉兔日粮中添加 0.2% 益生素（益生素由 2 株蜡样芽孢杆菌和 1 株地衣芽孢杆菌组成，每克含活菌数 1×10^9 个），试验 35 天内，日增重较对照组提高 11.9%，料肉比下降约 10%。Assar Ali Shah 等在杂交狼尾草青贮饲料中添加乳酸菌（*L. plantarum* 和 *P. acidilactici*）可对新西兰肉仔兔的增重、肉中的粗蛋白质、干物质、水含量、谷胱甘肽过氧化物酶、超氧化物歧化酶、天冬氨酸氨基转移酶有显著的影响。Simonová 等给断奶肉兔饮水中单独应用和联合应用肠球菌 M（50 μL/ 只 / 天）和鼠尾草提取物（10 μL/ 只 / 天）对其生长无影响，可降低饲料转化率；可以改善兔场的经济（增加饲料转化率）和兔子的健康状况（减少腐败菌群，增强盲肠的酶活性）。

四、寡聚糖

寡聚糖又被称为寡糖或低聚糖，是由 2 ～ 10 个单糖通过糖苷键连接起来形成直链或支链的一类糖。由于它不仅具有低热、稳定、安全无毒等良好的理化性质，还具有整肠和提高免疫等保护功能，其作用效果优于抗生素和益生素，被称为新型绿色饲料添加剂。低聚糖是动物肠道内有益的增殖因子，大部分能被有益菌发酵，从而抑制有害菌的生长，提高动物防病能力。

目前主要有低聚果糖、半乳聚糖、葡萄糖低聚糖、大豆低聚糖、低聚异麦芽糖等。

低聚果糖广泛存在于菊芋、芦笋、洋葱、大蒜、黑麦等，是一种天然生物活性物质。低聚果糖作为一种功能性低聚糖，能促进如双歧杆菌等有益菌增殖，抑制有害菌的发育，促进钙、磷等矿物质元素的吸收，提高动物的生产性能。据任克良（2003）报道，家兔日粮中添加 0.15% 低聚果糖，对日增重、饲料报酬有良

好的作用，可降低腹泻发病率和死亡率。

异麦芽寡糖（Isomalto oligosaccharides）就是 α–寡葡萄糖（α–GOS），分子中至少有一个通过 G–1，6 糖苷键结合的异麦芽糖，其他的葡萄糖分子可以通过 α–1，2、α–1，3、α–1，4 糖苷键组成寡聚糖。异麦芽寡糖因其生产原料主要是淀粉，来源丰富，是极有发展和应用前途的寡糖品种。

据任克良等（2003）报道，饲料中添加 0.15% 异麦芽寡糖可以显著降低腹泻发病率和死亡率。Abd El–Aziz 等给两个品种新西兰白兔和 APPRI 兔日粮中分别添加 0.3% 甘露寡糖和 0.05% 低聚异麦芽糖，对家兔的生产和经济效率具有理想的积极影响。李燕平、任克良等在断奶伊拉肉兔日粮中添加 0.05% β–葡聚糖可提高肉兔平均日采食量和平均日增重，增加免疫器官指数，提高机体的免疫力和消化吸收代谢能力。

五、饲用酶制剂

酶是一种具有生物催化作用的大分子蛋白质，是一种生物催化剂。酶具有严格的专一性和特异性，动物体内的各种化学变化几乎都在酶的催化作用下进行。利用从生物中（包括动物、植物和微生物）提取出的具有酶特性的制品，称为酶制剂。酶制剂作为一种安全、无毒的新型饲料添加剂，正受到人们的关注，目前饲用酶已达 20 多个品种。

1. 饲料中添加酶的目的

（1）弥补幼兔消化酶的不足。动物对营养物质的消化是靠自身的消化酶和肠道微生物的酶共同实现的。动物在出生后的相当一段时间内，分泌消化酶的功能不完全，各种应激如断奶、刺号、注射疫苗等，造成消化道内酶的分泌量降低，因此幼兔日粮中加入一定量的外源酶，可使其消化道较早地获得消化功能，并对外源酶进行调整，使之适应饲料的要求。

（2）提高饲料的利用率。植物籽实类是动物主要营养物质来源，但它们含有复杂的三维结构构成的细胞壁，是营养成分的保护层，从而影响动物的消化吸收。这些植物性原料的细胞壁都是由抗营养因子非淀粉多糖（NSP）组成，包括阿拉伯糖、木聚糖、β-葡萄糖、戊聚糖、纤维素和果胶质等。因为单胃动物不分泌 NSP 酶，因此用外源的 NSP 酶催化细胞壁，有利于细胞内容物蛋白质、淀粉和脂肪等养分从细胞中释放，同时缓解可溶性 NSP 导致的食糜黏度过大，使之充分发挥消化道内的酶作用，提高这些养分的消化率。NSP 酶可使 NSP 分解为可利用的糖类。一般来说，饲料利用率提高到 6%～8%，幼年动物比成年动物提高的幅度大。

（3）减少动物体内矿物质的排泄量，减轻对环境的污染。

（4）增强幼畜对营养物质的吸收。

2. 常用的饲用酶制剂

（1）单一酶制剂。目前来看，最具有应用价值的单一酶制剂大致有五类。

①蛋白酶。是分解蛋白质或肽键的，分为酸性、中性、碱性三种。

②淀粉酶。包括 α 淀粉酶、β 淀粉酶、糖化酶、支链淀粉酶和异淀粉酶。

③脂肪酶。是水解脂肪分子中甘油酯键的一类酶。

④植酸酶。可将植酸（盐）水解为正磷酸和肌醇衍生物，其中磷被动物利用，目前市场上有荷兰生产的商品名为"自然磷"和美国生产的"澳吉美"植酸酶。

⑤非淀粉多糖酶。对家兔来说，添加此类酶是有效的，分为纤维素酶、半纤维素酶（包括木聚糖酶、甘露聚糖酶、阿拉伯聚糖酶和聚半乳糖酶等）、果胶酶、葡萄糖酶等。

（2）复合酶制剂。是由一种或几种单一酶制剂为主体，加上其他单一酶制剂混合而成，或由一种或几种微生物发酵获得，复合酶制剂可同时降解饲料中的多种需要降解的底物（多种抗营养因子和多种养分），可最大限度地提高饲料的营养价值。目前国内

外饲用酶制剂产品多为复合酶制剂，其主要有以下几类。

①以 β-葡聚糖酶为主的饲用复合酶：此类酶制剂主要应用于以大麦、燕麦为主要原料的饲料。

②以蛋白酶、淀粉酶为主的复合酶制剂。此类酶制剂主要用于补充动物内源酶的不足。

③以纤维素酶、果胶酶为主的饲用复合酶。此类复合酶主要由木霉、曲霉和青霉直接发酵而成。主要作用是破坏植物细胞壁，使细胞中的营养物质释放出来，供进一步消化吸收，并能消除饲料中抗营养因子，降低胃肠道内容物黏稠度，促进动物消化吸收。

④以纤维素酶、蛋白酶、淀粉酶、糖化酶、果胶酶为主的饲用复合酶。此类复合酶综合了各酶系的共同特点，具有更强的助消化作用。

3. 酶制剂在家兔中的使用效果

生长獭兔日粮中添加 0.75%～1.5% 的纤维素酶（酶活性40 000 IU/g），日增重提高 16.88%～20.55%，效果显著；饲粮中添加 0.75% 纤维素酶和 1.5% 酸性蛋白酶（酶活性为 4 000 IU/g），日增重提高 22.82%，效果极显著；对屠宰性能和产品质量无明显影响。El-Aziz 等给在埃及生存的两种断奶兔子（新西兰白兔和獭兔）饲喂丁酸钠和复合酶制剂的混合物（500 g/t）表明：显著改善了体重增加、饲料消耗和部分胴体性状。

使用酶制剂时要注意：①根据产品说明、酶活性，确定适宜添加量；②若加工颗粒饲料，则要选择耐热稳定性好的产品，也可采取后喷涂技术。

六、植物精油

植物精油是萃取植物特有的芳香物质，取自于草本植物的花、叶、根、树皮、果实、种子、树脂等以蒸馏、压榨方式提炼出来的。植物精油是由一百多种以上的成分所构成，当然有些更高达数百种至上千种成分构成，一般而言植物精油含有醇类、醛类、酸类、酚类、丙酮类、萜烯类。

植物精油因来源广泛、绿色、安全，能抗应激反应、抗氧化、促进胃肠道健康，可以作为免疫和生理反应的调节剂等优点，成为替代抗生素的重要替代品。黄崇波等在伊拉肉兔日粮中添加 10 mg/kg 百里香酚替代 50～100 mg/kg 恩拉霉素可提高生长性能，改善小肠黏膜形态结构，促进动物肠道发育，增强动物机体免疫力。Kristina 等也在兔子日粮中添加 250 mg/kg 的百里香酚，显著增加了血液中的碱性磷酸酶、谷胱甘肽过氧化物酶、乳酸脱氢酶、肌肉中的单不饱和脂肪酸、α–亚麻酸含量，降低了肌肉中亚油酸和甘油三酯含量，从而证明了百里香酚可从肠道有效吸收，并在血液和肌肉中表现出生物活性。Abdel–Wareth 等在加利福尼亚公兔日粮中添加不同水平的百里香精油（60 mg/kg、120 mg/kg、180 mg/kg）表明：180 mg/kg 的百里香精油可以作为日粮抗生素的替代品，在改善加利福尼亚雄性兔子的生产性能、精液质量、睾丸激素水平以及肾脏和肝脏功能方面发挥重要作用。

第三章
家兔的饲养标准与饲料配方设计

第一节　家兔的饲养标准

家兔饲养标准，也叫营养需要量。通过长期试验研究，给不同品种、不同生理状态下、不同生产目的和生产水平的家兔，科学地规定出每只应当喂给的能量及各种营养物质的数量和比例，这种按家兔的不同情况规定的营养指标，就称为饲养标准。目前家兔的饲养标准内容包括：能量（消化能）、蛋白质、纤维、矿物质、维生素、氨基酸等指标的需要量，并且通常以每千克日粮的含量和百分比数表示。

家兔按照经济用途可分为肉兔、皮用兔（獭兔）、毛用兔、观赏兔等，其饲养标准差异较大，下面分别进行介绍。

一、肉兔饲养标准

目前推荐的肉兔饲养标准较多，现介绍较新的两个饲养标准。

1. Lebas F. 推荐的家兔饲养标准

在 2008 年第九届世界家兔科学大会上，Lebas F. 先生在总结近年来世界各国养兔学者的研究成果的基础上推荐出家兔最新饲养标准（表 3-1）。其推荐量分为两类。第一类主要指影响饲料效能的营养组分：消化能、粗蛋白质和可消化蛋白质、氨基酸、矿物质和脂溶性维生素。第二类则指主要影响营养安全和消化健康的营养组分，如各种纤维素成分（木质素、纤维素和半纤维素）及其平衡性、淀粉和水溶性维生素等。

　　该家兔营养推荐量分为两组：第一组是以最佳饲料效率为目标的。第二组则是在家兔面临消化问题时必须认真考虑和遵守的推荐量。

　　该标准主要针对肉兔，生产中皮用兔也可参考使用。

表 3-1　家兔饲料营养推荐值（Lebas F.）

生产阶段或类型 没有特别说明时，单位是 g/kg 即食饲料 （90% 干物质） 18～42 天 42～75, 80 天		生长兔		繁殖兔①		
		集约化	半集约化	集约化	半集约化	单一饲料②
		1 组：对最高生产性能的推荐量				
消化能	（kcal/kg）	2 400	2 600	2 700	2 600	2 400
	MJ/kg	9.5	10.5	11.0	10.5	9.5
粗蛋白质（%）		15.0～16.0	16.0～17.0	18.0～19.0	17～17.5	16.0
可消化蛋白质（%）		10.0～12.0	12.0～13.0	13.0～14.0	12.0～13.0	11.0～12.5
可消化蛋白质/可消化能比例（g/MJ）	（g/1 000 kcal）	45	48	53～54	51～53	48
	10.7	11.5	12.7～13.0	12.0～12.7	11.5～12.0	11.0～12.5
脂肪（%）		20～25	25～40	40～50	30～40	20～30
氨基酸（%）						
赖氨酸		0.75	0.80	0.85	0.82	0.80
含硫氨基酸（蛋氨酸＋胱氨酸）		0.55	0.60	0.62	0.60	0.60
苏氨酸		0.56	0.58	0.70	0.70	0.60
色氨酸		0.12	0.14	0.15	0.15	0.14

续表

生产阶段或类型 没有特别说明时，单位是 g/kg 即食饲料 （90% 干物质） 18～42 天 42～75，80 天	生长兔		繁殖兔①		单一饲料②
	集约化	半集约化	集约化	半集约化	
精氨酸	0.80	0.90	0.80	0.80	0.80
矿物质					
钙（%）	0.70	0.80	0.12	0.12	0.11
磷（%）	0.40	0.45	0.60	0.60	0.50
钠（%）	0.22	0.22	0.25	0.25	0.22
钾（%）	<1.5	<2.0	<1.8	<1.8	<1.8
氯（%）	0.28	0.28	0.35	0.35	0.30
镁（%）	0.30	0.30	0.40	0.30	0.30
硫（%）	0.25	0.25	0.25	0.25	0.25
铁（mg/kg）	50	50	100	100	80
铜（mg/kg）	6	6	10	10	10
锌（mg/kg）	25	25	50	50	40
锰（mg/kg）	8	8	12	12	10

生产阶段或类型 没有特别说明时，单位是 g/kg 即食饲料（90% 干物质）18～42天 42～75，80天	生长兔		繁殖兔①		单一饲料②
	集约化	半集约化	集约化	半集约化	
脂溶性维生素					
维生素 A（IU/kg）	6 000	6 000	10 000	10 000	10 000
维生素 D（IU/kg）	1 000	1 000	1 000（＜1 500）	1 000（＜1 500）	1 000（＜1 500）
维生素 E（mg/kg）	≥ 30	≥ 30	≥ 50	≥ 50	≥ 50
维生素 K（mg/kg）	1	1	2	2	2
2组：保持家兔最佳健康水平的推荐量					
木质纤维素（ADF）（%）	≥ 19.0	≥ 17.0	≥ 13.5	≥ 15.0	≥ 16.0
木质素（ADL）（%）	≥ 5.50	≥ 5.00	≥ 3.00	≥ 3.00	≥ 5.00
纤维素（ADF-ADL）（%）	≥ 13.0	≥ 11.0	≥ 9.00	≥ 9.00	≥ 11.0
木质素/纤维素比例	≥ 0.40	≥ 0.40	≥ 0.35	≥ 0.40	≥ 0.40
NDF（中性洗涤纤维）（%）	≥ 32.0	≥ 31.0	≥ 30.0	≥ 31.5	≥ 31.0
半纤维素（NDF-ADF）	≥ 12.0	≥ 10.0	≥ 8.5	≥ 9.0	≥ 10.0
（半纤维素＋果胶）/ADF 比例	≤ 1.3	≤ 1.3	≤ 1.3	≤ 1.3	≤ 1.3

续表

生产阶段或类型，单位是 g/kg 即食饲料（90% 干物质）没有特别说明时，18～42 天　42～75，80 天	生长兔		繁殖兔①		单一饲料②
	集约化	半集约化	集约化	半集约化	
淀粉（%）	≤ 14.0	≤ 20.0	≤ 20.0	≤ 20.0	≤ 16.0
水溶性维生素					
维生素 C（mg/kg）	250	250	200	200	200
维生素 B₁（mg/kg）	2	2	2	2	2
维生素 B₂（mg/kg）	6	6	6	6	6
尼克酸（mg/kg）	50	50	40	40	40
泛酸（mg/kg）	20	20	20	20	20
维生素 B₆（mg/kg）	2	2	2	2	2
叶酸（mg/kg）	5	5	5	5	5
维生素 B₁₂（mg/kg）	0.01	0.01	0.01	0.01	0.01
胆碱（mg/kg）	200	200	100	100	100

注：①对于母兔，半集约化生产表示平均每年生产断奶仔兔 40～50 只，集约化生产则代表更高的生产水平即每年每只母兔生产断奶仔兔大于 50 只。②单一饲料推荐量表示可应用于所有兔场中兔子的日粮。它的配制需考虑了不同和类兔子的需要量。

145

2. 中华人民共和国农业行业标准——肉兔营养需要量

该标准由山东农业大学、四川畜牧科学研究院、四川草原科学研究院等单位起草，起草人为李福昌、谢晓红、刘磊、郭志强、刘汉中等，该标准于2022年6月1日起实施。见表3-2。

表3-2　肉兔营养需要量（以88%干物质为基础，自由采食）

指标	生长肉兔		种公兔	空怀母兔	妊娠母兔	泌乳母兔
	断奶至8周龄	8周龄至出栏				
消化能（DE），MJ/kg（kal/kg）	10.2（2 438）	10.5（2 510）	10.4（2 486）	10.0（2 390）	10.5（2 510）	10.8（2 581）
粗蛋白质（CP），（%）	15.5	15.0	15.5	15.5	16.0	17.5
粗脂肪（EE），%	2.0	3.0	2.5	2.5	2.5	3.0
淀粉（Starch），%	≤ 14	≤ 18	≤ 16	≤ 16	≤ 20	≤ 20
粗纤维（CF），%	15.0	14	13.0	13.0	12.0	12.0
中性洗涤纤维（NDF），%	32.0	30.0	30.0	30.0	27.0	27.0
酸性洗涤纤维（ADF），%	19.0	16.0	19.0	19.0	16.0	16.0
酸性洗涤木质素（ADL），%	4.5	4.5	5.5	5.5	5.0	5.5
赖氨酸（Lys），%	0.85	0.75	0.7	0.7	0.8	0.85
蛋氨酸＋胱氨酸（Met+Cys），%	0.60	0.55	0.55	0.55	0.6	0.65
精氨酸（Arg），%	—	—	0.80	0.80	0.90	0.90
苏氨酸（Thr），%	0.85	0.75	0.60	0.60	0.65	0.65
钙（Ca），%	0.60	0.70	0.60	0.60	1.0	1.1
总磷（TP），%	0.40	0.45	0.40	0.40	0.60	0.60
钠（Na），%	0.22	0.22	0.22	0.22	0.22	0.22

指标	生长肉兔		种公兔	空怀母兔	妊娠母兔	泌乳母兔
	断奶至8周龄	8周龄至出栏				
氯（Cl），%	0.25	0.25	0.25	0.25	0.25	0.25
钾（K），%	0.80	0.80	0.80	0.80	0.80	0.80
镁（Mg），%	0.03	0.03	0.04	0.04	0.04	0.04
铜（Cu），mg/kg	5.0	5.0	10.0	10.0	10.0	10.0
锌（Zn），mg/kg	50.0	50.0	60.0	60.0	70.0	70.0
铁（Fe），mg/kg	50.0	50.0	70.0	70.0	100.0	100.0
锰（Mn），mg/kg	8.0	8.0	10.0	10.0	10.0	10.0
硒（Se），mg/kg	0.1	0.1	0.1	0.1	0.2	0.2
碘（I），mg/kg	0.5	0.5	1.0	1.0	1.1	1.1
钴（Co），mg/kg	0.25	0.25	0.25	0.25	0.25	0.25
维生素A（VA），IU/kg	6 000	8 000	12 000	8 000	12 000	12 000
维生素D（VD），IU/kg	1 000	1 000	1 000	1 000	1 000	1 000
维生素E（VE），mg/kg	50.0	50.0	70.0	70.0	50.0	80.0
维生素K（VK），mg/kg	1.0	1.0	2.0	2.0	2.0	2.0
维生素B_1（VB_1），mg/kg	1.0	1.0	1.0	1.0	1.2	1.2
维生素B_2（VB_2），mg/kg	3.0	3.0	3.0	3.0	5.0	5.0
维生素B_6（VB_6），mg/kg	1.2	1.2	1.0	1.0	1.5	1.5
维生素B_{12}（VB_{12}），μg/kg	10.0	10.0	10.0	10.0	12.0	12.0

指标	生长肉兔		种公兔	空怀母兔	妊娠母兔	泌乳母兔
	断奶至8周龄	8周龄至出栏				
烟酸（Niacin），mg/kg	30.0	30.0	30.0	30.0	50.0	50.0
叶酸（Folic acid），mg/kg	0.2	0.2	0.5	0.5	1.5	1.5
泛酸（Pantothenic acid），mg/kg	10.0	10.0	8.0	8.0	12.0	12.0
生物素（Biotin），mg/kg	0.08	0.08	0.08	0.08	0.08	0.08
胆碱（Choline），mg/kg	100.0	100.0	100.0	100.0	150.0	150.0

注：除标注外，所有数值均为最低需要量。

3. Carlos de Blas，Julianwiseman 等推荐的营养需要量

Carlos de Blas 和 Julianwiseman 编写出版的《家兔营养》第二版中推荐出的家兔营养需要，见表 3-3 和表 3-4。

表 3-3 集约化养殖家兔的营养需要（相对于每千克含 900g DM 修正过的每千克含量）

营养物质	单位	繁殖母兔	育肥兔	配合饲料
消化能	MJ	10.7	10.2	10.2
代谢能	MJ	10.2	9.8	9.8
NDF[a]	g	320（310～335）[b]	340（330～350）	335（320～340）
ADF	g	175（165～185）	190（180～200）	180（160～180）
粗纤维	g	145（140～150）	155（150～160）	150（145～155）
ADL	g	55[c]	50	55
可溶性 NDF	g	随意	115	80

续表

营养物质	单位	繁殖母兔	育肥兔	配合饲料
淀粉	g	170（160～180）	150（140～160）	160（150～170）
醚浸提物	g	45	随意	随意
粗蛋白质	g	175（165～185）	150（142～160）	159（154～162）
消化蛋白质 [d]	g	128（115～140）	104（100～110）	111（108～113）
赖氨酸 [e] 总的	g	8.1	7.3	7.8
赖氨酸可消化的	g	6.4	5.7	6.1
含硫氨基酸 [f] 总的 [g]	g	6.3	5.2	5.9
含硫氨基酸可消化的	g	4.8	4.0	4.5
苏氨酸总的	g	6.7	6.2	6.5
苏氨酸可消化的	g	4.6	4.3	4.5
钙	g	10.5	6.0	10.0
磷	g	6.0	4.0	5.7
钠	g	2.3	2.2	2.2
氯化物	g	2.9	2.8	2.8

说明：ADF，酸性洗涤纤维；ADL，酸性洗涤木质素；NDF，中性洗涤纤维。

[a] 长纤维颗粒（0.3 mm 以上）的比例对于繁殖母兔要超过 22%，育肥兔要超过 20.5%；

[b] 圆括号内的值为最低限度和最高限度推荐值的范围；

[c] 斜体字是暂定的估计值；

[d] 粗蛋白质和必需氨基酸的消化率为粪表观消化率；

[e] 合成氨基酸在计算的总氨基酸需要量中占 15%；

[f] 蛋氨酸在含硫氨基酸总需要量中最少占 35%；

[g] 繁殖母兔的可消化苏氨酸和总苏氨酸推荐值的最高限度含量分别为 50 g/kg 和 72 g/kg。

表 3-4　集约化养殖家兔的微量元素和维生素需要（相对于每千克含
900 g DM 修正过的每千克含量）

营养物质	单位	繁殖母兔	育肥兔	配合饲料
钴	mg	0.3	0.3	0.3
铜	mg	10	6	10
铁	mg	50	30	45
碘	mg	1.1	0.4	1.0
锰	mg	15	8	12
硒	mg	0.05	0.05	0.05
锌	mg	60	35	60
维生素 A	IU	10 000	6 000	10 000
维生素 D	IU	900	900	900
维生素 E	IU	50	15	40
维生素 K_3	mg	2	1	2
维生素 B_1	mg	1	0.8	1
维生素 B_2	mg	5	3	5
维生素 B_6	mg	1.5	0.5	1.5
维生素 B_{12}	μg	12	9	12
维生素 H	μg	100	10	100
叶酸	mg	1.5	0.1	1.5
烟酸	mg	35	35	35
泛酸	mg	15	8	15
胆碱	mg	200	100	200

二、獭兔营养需要

由河北农业大学、山东农业大学、沈阳农业大学、山西省农业科学院、内蒙古东达生物科技有限公司等单位起草，陈宝江、谷子林、李福昌、郭东新、任克良、刘亚娟、陈赛娟、吴峰洋等起草人共同制定的团体标准——獭兔营养需要（表3-5，表3-6）于2019年1月21日起由中国畜牧业协会发布实施。

表3-5　5～13周龄和14周龄至出栏营养需要

项目	5～13周龄	14周龄至出栏
消化能，MJ/kg	9.0～10.0	10.0～10.46
粗脂肪，%	3.0	3.0
粗纤维，%	14.0～16.0	13.0～15.0
粗蛋白质，%	15.0～16.0	15.0～16.0
赖氨酸，%	0.75	0.75
含硫氨基酸，%	0.60	0.65
苏氨酸，%	0.62	0.62
中性洗涤纤维，%	≥32	≥31
酸性洗涤纤维，%	≥19.0	≥17.0
酸性洗涤木质素，%	≥5.5	≥5.0
淀粉，%	14.0	20.0
Ca，%	0.80	0.80
P，%	0.45	0.45
食盐，%	0.3～0.5	0.3～0.5
Fe，mg/kg	70.0	50.0
Cu，mg/kg	20.0	10.0
Zn，mg/kg	70.0	70.0
Mn，mg/kg	10.0	4.0
Co，mg/kg	0.15	0.10
I，mg/kg	0.20	0.20
Se，mg/kg	0.25	0.20
VA，IU/kg	8 000	8 000

项目	5～13周龄	14周龄至出栏
VD，IU/kg	900	900
VE，IU/Kg	30.0	30.0
VK，mg/kg	2.0	2.0
VB_1，mg/kg	2.0	0
VB_2，mg/kg	6.0	0
泛酸，mg/kg	50.0	20.0
VB_6，mg/kg	2.0	2.0
VB_{12}，mg/kg	0.02	0.01
烟酸，mg/kg	50.0	50.0
胆碱，mg/kg	1 000	1 000
生物素，mg/kg	0.2	0.2

表3-6　种公兔、空怀母兔、妊娠母兔、泌乳母兔营养需要

项目	泌乳兔	妊娠兔	空怀兔	种公兔
消化能，MJ/kg	10.46～11.0	9.0～10.46	9.0	10.0
粗脂肪，%	3.0～5.0	3.0	3.0	3.0
粗纤维，%	12.0～14.0	14.0～16.0	15.0～18.0	14.0～16.0
粗蛋白质，%	17.0～18.0	15.0～16.0	13.0～14.0	15.0～16.0
赖氨酸，%	0.90	0.75	0.60	0.70
含硫氨基酸，%	0.75	0.60	0.50	0.60
苏氨酸，%	0.67	0.65	0.62	0.64
中性洗涤纤维，%	≥30.0	≥31.5	≥32.0	≥31.0
酸性洗涤纤维，%	≥13.5	≥15.0	≥19.0	≥17.0
酸性洗涤木质，%	≥3.0	≥3.0	≥5.5	≥5.0
淀粉，%	20.0	20.0	20.0	20.0

项目	泌乳兔	妊娠兔	空怀兔	种公兔
Ca，%	1.10	0.80	0.60	0.80
P，%	0.65	0.55	0.40	0.45
食盐，%	0.3～0.5	0.3～0.5	0.3～0.5	0.3～0.5
Fe，mg/kg	100.0	50.0	50.0	50.0
Cu，mg/kg	20.0	10.0	5.0	10.0
Zn，mg/kg	70.0	70.0	25.0	70.0
Mn，mg/kg	10.0	4.0	2.5	4.0
Co，mg/kg	0.15	0.10	0.10	0.10
I，mg/kg	0.20	0.20	0.10	0.20
Se，mg/kg	0.20	0.20	0.10	0.20
VA，IU/kg	12 000	12 000	5 000	10 000
VD，IU/kg	900	900	900	900
VE，IU/Kg	50.0	50.0	25.0	50.0
VK，mg/kg	2.0	2.0	0	2.0
VB_1，mg/kg	2.0	0	0	0
VB_2，mg/kg	6.0	0	0	0
泛酸，mg/kg	50.0	20.0	0	20.0
VB_6，mg/kg	2.0	0	0	0
VB_{12}，mg/kg	0.02	0.01	0	0.01
烟酸，mg/kg	50.0	50.0	0	50.0
胆碱，mg/kg	1 000	1 000	0	1 000
生物素，mg/kg	0.2	0.2	0	0.2

三、毛兔饲养标准

兰州畜牧研究所推荐的长毛兔饲养标准见表3-7，表3-8。

表3-7　长毛兔日粮营养水平

项目	幼兔（断奶至3月龄）	青年兔	妊娠母兔	哺乳母兔	产毛兔	种公兔
消化能（MJ/kg）	10.45	10.03～10.45	10.03	10.87	9.82	10.03
粗蛋白质（%）	16	15～16	16	18	15	17
可消化粗蛋白质（%）	12	10～11	11.5	13.5	10.5	13
粗纤维（%）	14	16～17	15	13	17	16～17
蛋能比（g/MJ）	11.48	10.77	11.48	12.44	11.00	12.68
钙（%）	1.0	1.0	1.0	1.2	1.0	1.0
磷（%）	0.5	0.5	0.5	0.8	0.5	0.5
铜（mg/kg）	20～200	20	10	10	30	10
锌（mg/kg）	50	50	70	70	50	70
锰（mg/kg）	30	30	50	50	30	30
含硫氨基酸（%）	0.6	0.6	0.8	0.8	0.8	0.6
赖氨酸（%）	0.7	0.65	0.7	0.9	0.5	0.6
精氨酸（%）	0.6	0.6	0.7	0.9	0.6	0.6
维生素A（IU/kg）	8 000	8 000	8 000	10 000	6 000	12 000
胡萝卜素（mg/kg）	0.83	0.83	0.83	1.0	0.6	1.2

表 3-8　长毛兔每日营养需要量

类别	体重（kg）	日增重（g）	采食量（g）	消化能（kJ）	粗蛋白质（g）	可消化粗蛋白质（g）
	0.5	20	60～80	493.24	10.1	7.8
	—	35	—	581.20	11.7	9.1
	—	30	—	668.80	12.3	10.4
	1.0	20	70～100	739.86	12.4	9.3
断奶至 3 月龄	—	25	—	827.64	14.0	10.3
		30		915.42	15.6	11.8
	1.5	20	95～110	990.66	14.7	10.7
	—	25		1 078.44	16.3	12.0
	—	30	—	1 166.22	17.9	12.3
	2.5	10	115	1 546.60	23	16
	—	15	—	1 613.48	24	17
	3.0	10	160	1 588.40	25	17
青年兔	—	10		1 655.28	26	18
	3.5	15	165	1 630.20	27	18
	—	—		1 697.06	28	19
妊娠母兔，平均每窝产仔6只，每日产毛2g	3.5～4.0	母兔不少于 2	不低于165	1 672.0	27	19
哺乳期母兔，每窝哺乳5～6只，每日产毛2 g	3.5	3	不低于210	2 215.40	36	27
	4.0	3		2 319.90		
产毛兔每日产毛2～3 g	3.5～4.0	3	150	1 463.00	23	16
种公兔配种期，每日产毛2g	3.5	3	150	1 463.00	26	19

四、宠物兔营养需要量

家兔营养（第二版）推荐出宠物营养需要量见表3-9。

表3-9　宠物兔养分约束建议

成分和养分	范围（%）	养分	典型范围（mg/kg）
蛋白质	12～16	维生素A（IU/kg）[d]	5 000～12 000
粗纤维 [a]	14～20	维生素D（IU/kg）	800～1200
ADF（酸性洗涤纤维）	17%～n/a	维生素E	40～70
淀粉 [b]	0～14	维生素B$_1$	1～10
脂肪	2～5	维生素B$_2$	3～10
消化能（MJ/kg）	9～10.5	维生素B$_6$	2～15
赖氨酸	0.5	维生素B$_{12}$	0.01～0.02
蛋氨酸＋胱氨酸	0.5	叶酸	0.2～1.0
钙 [c]	0.5～1.0	泛酸	3～12
磷 [c]	0.5～0.8	尼克酸	30～60
镁	0.3	生物素	0.05～0.20
锌	0.5～1.0	胆碱	300～500
钾	0.6～0.7	铜	5～10
食盐	0.5～1.0	—	—

注：n/a，无实用资料。

[a] 对于最低纤维含量更为恰当的估值是：幼兔为中性洗涤纤维31%和酸性洗涤纤维19%；成年兔酸性洗涤纤维17%。

[b] 淀粉的最大用量只适用于非常年幼的家兔日粮。年轻的成年宠物兔可考虑采用成熟成年宠物的最大约束值，即14%～20%。

[c] 钙含量考虑到用于繁殖的宠物兔，大约钙含量0.6%、磷含量0.4%就能满足成年兔的维持需要。

[d] 考虑到加工过程中的损失，某些维生素的含量高可能是必需的。

五、使用家兔饲养标准应注意的事项

1. 因地制宜，灵活应用

家兔饲养标准的建议值一般是在特定种类的家兔，在特定年龄、特定体重及特定生产状态下的营养需要量。它所反映的是在正常饲养管理条件下整个群体的营养水平。当条件改变，如温度、湿度偏高或过低，卫生条件差等，就得在建议值的基础上适当变动。此外，饲养标准中的微量元素及维生素的规定采用最低需要量，以不出现缺乏症为依据，若兔群是在高度集约化条件下进行生产，则应予以适当增加。

2. 标准与实际相结合

应用饲养标准时，必须与实际饲养效果相结合，并根据使用效果进行适当调整，以求饲养标准更接近于准确。

3. 饲养标准不断完善

本身不是一个永恒不变的指标，它是随着科学研究的深入和生产水平的提高，不断地进行修订、充实和完善的。因此，及时了解家兔营养研究最新进展，把新的成果和数据用于配方设计中去，饲养效果更加明显。

4. "标准"与效益的统一性

应用"标准"规定的营养定额，不能只强调满足家兔对营养物质的客观要求，而不去考虑饲料生产成本。必须贯彻营养、效益相统一的原则。

第二节 预混料配方设计

预混料，也叫添加剂预混合饲料，是一种或多种添加剂与载体或稀释剂按一定比例配制的均匀混合物。按照活性成分组成可分为微量矿物元素预混合饲料、维生素预混合饲料和复合预混合饲料等。

一、预混料配方设计原则

1. 灵活掌握饲养标准

不同品种、不同阶段的家兔对养分的需要量不同，同时不同地区、不同饲养条件，家兔对微量营养成分的需要也会有所变化，同时饲养标准中的营养需要是在试验条件下满足家兔正常生长发育的最低需要量，而实际生产条件远远超过试验控制条件，因此，在确定预混料配方中各种原料用量时要加一个适宜的量，即保险系数或称安全系数，以保证满足家兔在生产条件下对营养物质正常的需要。

2. 正确使用添加剂原料

要清楚掌握添加剂原料的品质，这对保证制成的预混料质量至关重要。

3. 注意添加剂间的配伍性

预混料是一种或多种物质与载体或稀释剂按照一定比例配混而成的，因此在设计时必须清楚了解和注意它们之间的可配伍性和配伍禁忌。例如，铜对铁的吸收有促进作用，硫对铜的吸收则有拮抗作用。

4. 经济性原则

在进行配方设计时，不仅要考虑养分的充足供应，还应在满足需要的前提下，尽量节省成本，以便获得更大的效益。

二、预混料配方设计方法

预混料的使用量一般相对固定，其设计过程比全价料简单，一般方法和步骤如下。

1. 根据饲养标准和饲料添加剂使用指南确定各种饲料添加剂原料的用量

饲养标准是确定家兔营养需要的基本依据。目前普遍把饲养标准中规定的微量元素需要量作为添加量，将基础日粮含量作为保证量，这样既简化了计算，也符合安全性原则，还可参考确实可靠的研究和使用成果进行修正，确定微量元素添加的种类和数量。

氨基酸的添加量需按下式计算：

某种氨基酸添加量 = 某种氨基酸需要量 − 非氨基酸添加物和其他饲料提供的某种氨基酸量

2. 原料选择

根据原料的生物效价、价格和加工工艺的要求等进行综合分析后选择微量元素原料。主要查明微量元素含量，同时查明杂质及其他元素含量，以备应用。

3. 根据原料中微量元素、维生素及有效成分含量或效价、预混料中的需要量等计算在预混料中所需商品原料量

其计算方法：

纯原料量 = 某元素需要量 ÷ 纯品中元素含量（%）

商品原料量 = 纯原料量 ÷ 商品原料有效含量（纯度）

4. 确定载体用量

根据预混料在配合饲料中的比例，计算载体用量。

计算式为：载体用量 = 预混料量 − 商品添加剂原料量

5. 列出预混料的生产配方

6. 生产加工

对原料进行烘干、粉碎、称量、搅拌，然后装袋备用。

三、微量元素预混合饲料配方设计

家兔所需的微量元素主要有铁、铜、锰、锌、碘等。设计配方时要注意，饲养标准中所规定的微量元素添加量都是指纯元素的，而在生产中只能向饲料中添加各种微量元素的化合物，同一元素的不同化合物纯元素含量纯度不同，所以在配合微量元素预混料时，需把纯元素的添加量折算为化合物的添加量。微量元素的用量一般占全价饲料的 0.1% ～ 0.5%。

例1：为集约化生产的肉用哺乳母兔设计一个0.2%比例的微量元素预混合饲料配方。

1. 根据饲养标准确定各种微量元素需要量

由表查出哺乳母兔的微量元素需要量见表3-10。

表3-10　哺乳母兔微量元素需要量　　　　　　（mg/kg）

微量元素	铁	铜	锰	锌
需要量	100	10	12	50

2. 微量元素原料的选择

表3-11列出了常用微量元素饲料添加剂无机盐的规格。

表3-11　商品微量元素盐的规格　　　　　　　（%）

商品微量元素盐	分子式	纯品种元素含量	商品原料纯度
硫酸亚铁	$FeSO_4 \cdot 7H_2O$	20.1	98.5
硫酸铜	$CuSO_4 \cdot 5H_2O$	25.5	96.0
硫酸锰	$MnSO_4 \cdot H_2O$	32.5	98.0
硫酸锌	$ZnSO_4 \cdot 7H_2O$	22.7	99.0

3. 计算商品原料量

将需要添加的各微量元素折合为每千克风干全价配合饲料中的商品原料量，即：

商品原料量＝某微量元素需要量 ÷ 纯品种该元素含量 ÷ 商品原料纯度

按此计算方法，得出以上四种商品原料在每千克全价配合饲料中的添加量，见表3-12。

表 3-12 每千克全价配合饲料中微量元素盐商品原料用量 （mg/kg）

商品原料	计算式	商品原料量
硫酸亚铁	$100 \div 20.1\% \div 98.5\%$	505.1
硫酸铜	$10 \div 25.5\% \div 96\%$	40.8
硫酸锰	$12 \div 32.5\% \div 98\%$	37.7
硫酸锌	$50 \div 22.7\% \div 99\%$	222.5

4. 计算载体用量

若预混料在全价配合饲料中占 0.2%（即每吨全价配合饲料有预混料 2 kg）时，则预混料中载体用量等于预混料量与微量元素盐商品原料量之差。即：

$$2 \text{ kg} - 0.806\ 1 \text{ kg} = 1.193\ 9 \text{ kg}$$

所以每吨全价哺乳母兔配合饲料中载体用量为 1.193 9 kg，微量元素载体选择石粉、沸石粉等载体。

5. 列出哺乳母兔微量元素预混料的生产配方（表 3-13）

表 3-13 微量元素添加剂预混料配方单

商品原料	每吨配合饲料中用量（g）	预混料配方（%）	每吨预混料中用量（kg）
硫酸亚铁	505.1	25.3	253.0
硫酸铜	40.8	2.0	20.0
硫酸锰	37.7	1.885	18.85
硫酸锌	222.5	11.125	111.25
载体	1 193.9	59.70	597.0
合计	2 000	100.0	1 000.1

6. 生产加工

首先将含结晶水较多的原料分别烘干，然后粉碎（通过 200 目筛，即 0.074 mm 以下），根据预混料配方，称量各种微量元素添加量，进行搅拌。物料添加顺序为先加载体，随后加入所需要的微量元素添加剂，混合搅拌 10 ～ 20 分钟，然后分装保存，使

用时按一定比例（0.2%）逐渐混到饲料中。

四、维生素添加剂预混料配方设计

维生素预混料的配方设计应根据家兔饲养标准进行。但是饲养标准是在试验条件下测得的维持地区不发病或纠正维生素缺乏症所需要的最低需要量，为了获得较好的饲养效果，应在实际设计时适当增加维生素给量，以取得最佳效果，高出饲养标准的给量称安全系数。

1. 设计维生素添加剂时应考虑的因素

（1）维生素的稳定性。维生素 A、维生素 D 制剂较其他维生素易失去活性，且常用的饲料原料中不含维生素 A、维生素 D，因此维生素 A、维生素 D 的添加量要比需要量高。

（2）家兔常用饲料原料中维生素 B_1、维生素 B_6 和生物素含量丰富，三者的用量可以比需要量降低一些，特别是生物素，饲料中一般含量丰富，且生物学价值较高，所以添加剂中甚至可以不加。

（3）兔群发生球虫病时，应适当提高维生素 K 的添加量，有利凝血。

（4）氯化胆碱呈碱性，与其他维生素配合时，会影响到其他维生素效价，所以应单独添加。

（5）其他维生素可按家兔需要量添加，饲料中含量可做安全量看待。

（6）家兔盲肠发达，具有食粪特性，盲肠中合成的 B 族维生素通过食粪来满足家兔部分需求，所以 B 族维生素可适当少加，但对集约化程度较高的兔群，B 族维生素不能减少，甚至要多加。

（7）采用添加青草或多汁饲料的兔群，可减少维生素的添加量。

2. 生长育肥兔的维生素预混料配方设计方法

（1）需要量和添加量的确定。查饲养标准（表3-14）中各种维生素需要量，同时根据生产实际、工作经验等进行调整，一般在需要量基础上再加 10% 为实际添加剂量，具体见表3-14。

表 3-14 生长育肥兔每千克日粮中维生素需要量及添加量 （mg/kg）

维生素种类	饲养标准规定用量	加 10% 保险系数后的实际用量
维生素 A（IU/kg）	6 000	6 600
维生素 D（IU/kg）	1 000	1 100
维生素 E	30	33
维生素 K	1	1.1
维生素 C	250	275
维生素 B_1	2	2.2
维生素 B_2	6	6.6
尼克酸	50	5.5
泛酸	20	22
维生素 B_6	2	2.2
叶酸	5	5.5
维生素 B_{12}	0.01	0.011
胆碱	200	220

（2）根据维生素商品原料的有效成分含量计算原料用量．从市场上选择适宜的维生素原料并确定其有效含量，按照下列计算式折算：

商品维生素原料用量 = 某种维生素添加量 ÷ 原料中某维生素有效含量

计算结果见表 3-15。

表 3-15 生长育肥兔每 1 kg 饲料中维生素添加剂量及商品原料用量

维生素	添加量	原料规格（每克中含量）	商品维生素原料用量（g）
维生素 A	66 000 IU	500 000 IU	66 000 ÷ 500 000=0.132
维生素 D	1 100 IU	500 000 IU	1 100 ÷ 500 000=0.000 2
维生素 E	33 mg	50%	33 ÷ 50% ÷ 1 000=0.066
维生素 K	1.1 mg	47%	1.1 ÷ 47% ÷ 1 000=0.002 34
维生素 C	275 mg	96%	275 ÷ 96% ÷ 1 000=0. 286 458

维生素	添加量	原料规格（每克中含量）	商品维生素原料用量（g）
维生素 B_1	2.2 mg	98%	2.2÷98%÷1 000=0.002 244 9
维生素 B_2	6.6 mg	96%	6.6÷96%÷1 000=0.006 875
尼克酸	5.5 mg	95%	5.5÷95%÷1 000=0.005 789
泛酸	22 mg	80%	22÷80%÷1 000=0.275
维生素 B_6	2.2 mg	98%	2.2÷98%÷1 000=0.002 244 9
叶酸	5.5 mg	98%	5.5÷98%÷1 000=0.005 612
维生素 B_{12}	0.011 mg	1%	0.011÷1%÷1 000=0.001 1

（3）计算载体用量并列出生产配方.

载体用量根据设定的维生素添加剂预混料（多维）在全价料中的用量确定，在此设多维用量为 1 000 g/t，配方结果见表 3-16。

表 3-16　维生素预混料生产配方

维生素	每千克全价料中用量（g）	每吨全价料中用量（g）	预混料配比（%）	每吨维生素预混料中用量（kg）
维生素 A	66 000÷500 000=0.132	132	13.2	132
维生素 D	1 100÷500 000=0.000 2	0.2	0.02	0.2
维生素 E	33÷50%÷1 000=0.066	66	6.6	66
维生素 K	1.1÷47%÷1 000=0.002 34	2.34	0.234	2.34
维生素 C	275÷96%÷1 000=0. 286 458	286.46	28.65	286.5
维生素 B_1	2.2÷98%÷1 000=0.002 244 9	2.245	0.225	2.25
维生素 B_2	6.6÷96%÷1 000=0.006 875	6.875	0.688	6.88
尼克酸	5.5÷95%÷1 000=0.005 789	5.789	0.579	5.79
泛酸	22÷80%÷1 000=0.275	27.5	2.75	27.5
维生素 B_6	2.2÷98%÷1 000=0.002 244 9	2.245	0.225	2.25
叶酸	5.5÷98%÷1 000=0.005 612	5.61	0.561	5.61

维生素	每千克全价料中用量（g）	每吨全价料中用量（g）	预混料配比（%）	每吨维生素预混料中用量（kg）
维生素 B_{12}	0.011÷1%÷1 000=0.001 1	1.1	0.11	1.1
小计	–	538.36		
抗氧化剂BHT	–	2.0	0.2	2
载体	–	459.64	45.964	459.64
合计	–	1 000	100.0	1 000.0

五、复合预混料配方设计

复合预混料是指由微量元素、维生素、氨基酸和非营养添加剂中任何两种或两种以上的组分与载体或稀释剂按一定比例配制的均匀混合物，一般在配合饲料中的添加比例为 10% 以内，常见的有 4%、5%。复合预混料设计步骤如下。

1. 先确定预混料在饲料中的添加比例

2. 计算每吨配合饲料中各种微量元素的添加量

计算方法详见本章的"微量元素预混合饲料配方设计"部分。

3. 计算每吨配合饲料中各种维生素的添加量

计算方法详见本章的"维生素添加剂预混料配方设计"部分。

4. 计算各种氨基酸、绿色添加剂的添加量

对氨基酸的添加量确定，主要依据饲养标准对氨基酸的需要量和推荐配方各种主要原料氨基酸含量之和的差值计算；替代抗生素添加剂使用剂量按照产品说明添加。

5. 添加必要的抗氧化剂、防霉剂、调味剂等添加部分，添加量按使用说明添加。

6. 计算以上四项之和，计算与预混料设计添加量之差，即为载体和稀释剂的添加量。

第三节　浓缩饲料配方设计

浓缩饲料又称蛋白质补充饲料，是由蛋白质饲料、矿物质饲料及添加剂预混料配制而成的配合饲料半成品，使用时再掺入一定比例的能量饲料（玉米、大麦、高粱等）、粗饲料（苜蓿粉、花生秧等）就成为满足家兔营养需要的全价饲料。

浓缩饲料具有蛋白质高、营养全面、使用方便，可充分利用当地饲料资源、降低运输成本等优点，浓缩料一般在全价配合饲料中所占的比例为 20% ～ 40%。

一、浓缩饲料配方设计原则

1. 满足或接近标准

即按设计比例加入能量饲料、粗饲料等之后，总的营养水平应达到或接近家兔的营养需要量，或主要指标达到营养标准的要求。

2. 依据家兔不同类型、不同生理阶段，设计不同浓缩料

3. 适宜的比例

一般浓缩料在全价配合饲料中所占的比例为 20% ～ 40% 为宜。而且为方便实用，最好使用整数，如 20%、30%，而避免诸如 25.6% 之类的小数的出现。

4. 质量保护

浓缩料的质量保护，除使用低水分的优质原料外，防霉剂、抗氧化剂的使用及良好的包装必不可少，水分应低于 12.5%。

5. 注意外观

一些感官指标应受养殖者的欢迎，包括粒度、气味、颜色、包装等应考虑周全。

二、浓缩饲料设计技术

家兔浓缩饲料配方的设计方法有两种：一种是首先根据家兔的饲养标准及饲料来源、营养价值和价格设计出全价配合饲料配方，然后把能量饲料、粗纤维饲料从配方中抽去即为浓缩饲料配方；另一种是根据用量比例或浓缩料标准单独设计浓缩料饲料配方。

第四节 家兔饲料配方设计

配方饲料就是根据家兔的营养需要量，选择适宜的不同饲料原料，配制满足家兔营养需要量的混合饲料。

一、饲料配方设计原理

饲料配方设计就是根据家兔营养需要量、饲料营养成分及特性，选取适当的原料，并确定适宜的比例和数量，为家兔提供营养平衡、价格低廉的全价饲粮，以充分发挥家兔的生产性能，保证兔体健康，并获得最大的经济效益。

设计配方时首先要掌握：家兔的营养需要和采食量，饲料营养价值表，饲料的非营养特性，如适口性、毒性、加工制粒特性、市场价格等，同时，还应将配方在养兔实践中进行检验。

二、饲料配方设计应考虑的因素

1. 使用对象

在配方设计时，首先要考虑配方使用的对象，如家兔类型（肉用型、皮用型、毛用型等）、生理阶段（仔兔、幼兔、青年兔、公兔、空怀母兔、妊娠、哺乳）等不同生理阶段的家兔对营养需求量不同。

2. 营养需要量

目前家兔饲养标准有国内的和国外的，设计时应以国内家兔

饲养标准为基础，同时参考国外的，如法国、西班牙、意大利、美国等国家的饲养标准，还应考虑家兔品种、饲养管理条件、环境温度、健康状况等因素。对国内外的家兔营养最新研究报告也应作为参考。

3. 饲料原料成分与价格

饲料原料是影响产品质量和价格的主要因素。选用时，以来源稳定、质量稳定的原料为佳。饲料原料营养成分受品种、气候、贮藏等因素影响，计算时最好参照营养成分实测结果，不能实测时可参考国内、国外营养成分表。力求使用质好、价廉、本地区来源广的原料，这样可降低运输费用，以求最终降低饲料成本。

4. 生产过程中饲料成分的变化

配合饲料在生产加工过程中对于营养成分是有一定影响的，设计时应适当提高其添加量。

5. 注意饲料的品质和适口性

在配制日粮中不仅要满足家兔营养需要，还应考虑日粮的品质和适口性，日粮适口性直接影响家兔采食量。适口性好的日粮，家兔喜吃，可提高饲养效果。实践证明：家兔喜吃植物性饲料胜过动物性饲料，喜欢吃有甜味和脂肪含量适当的饲料，不喜吃鱼粉、血粉、肉骨粉等动物性饲料。兔对霉菌毒素极为敏感，故严禁使用发霉、变质饲料配制日粮，以免引起中毒。

6. 一般原料用量的大致比例

不同原料在日粮中所占的比例，一方面取决于原料本身的营养特点；另一方面取决于所配伍的原料情况。根据养兔生产实践，常用原料的大致比例如下。

（1）粗饲料。如干草、秸秆、树叶、糟粕、蔓类等，一般添加比例为 20%～50%。

（2）能量饲料。如玉米、大麦、小麦、麸皮等，一般为 25%～35%。

（3）植物性蛋白质饲料。如豆饼、花生饼等，一般为

$5\% \sim 20\%$。

（4）动物性蛋白质饲料。如鱼粉等一般为 $0 \sim 5\%$。

（5）钙、磷类饲料。如骨粉、石粉等为 $1\% \sim 3\%$。

（6）食盐，用量为 $0.3\% \sim 0.5\%$。

（7）添加剂。微量元素、维生素等为 $0.5\% \sim 1.5\%$。

（8）限制性原料。棉籽饼、菜籽饼等有毒饼粕小于 5%。

三、饲料配方设计方法

饲料配方设计方法有计算机法和手工计算法。

1. 计算机法

计算机法是根据线性规划原理，在规定多种条件的基础上，可筛选出最低成本的日粮配方，它可以同时考虑几十种营养指标，运算速度快，精度高，是目前最先进的方法。目前市场上有许多畜禽优化日粮配方的计算机软件可供选择，可直接用于生产。

2. 手工计算法

手工计算法又分为交叉法、联立方程法和试差法，其中试差法是目前普遍采用的方法。

试差法又称凑数法，其具体方法是：首先根据经验初步拟出各种饲料原料的大致比例，然后用各自的比例去乘该原料所含的各种养分的百分含量，再将各种原料的同种养分之积相加，即得到该配方中每种养分的总量，将所得结果与饲养标准进行对照，若有任一养分超过或不足时，可通过减少或增加相应的原料比例进行调整和重新计算，直至所有的营养指标都基本满足要求为止。这种方法考虑营养指标有限，计算量大，盲目性较大，不易筛选出最佳配方，不能兼顾成本。但由于简单易学，因此这种方法应用广泛。

（1）举例说明日粮配方步骤。现介绍用玉米、麸皮、豆饼、鱼粉、玉米秸秆、豆秸、贝壳粉、食盐、微量元素及维生素预混料，设计 12 周龄后肉用生长兔的日粮配方。

第一步：查饲养标准列出营养需要量，根据南京农业大学等推荐的各类家兔建议营养供给量，生长兔12周龄后营养供给量见表3-17。

表3-17　生长兔12周龄后营养供给量　　　　　　　（%）

消化能（MJ/kg）	粗蛋白质	粗纤维	钙	磷	赖氨酸	胱氨酸+蛋氨酸
10.45～11.29	16	10～14	0.5～0.7	0.3～0.5	0.7～0.9	0.6～0.7

第二步：查出所用原料营养价值（3-18）。

表3-18　原料营养价值表　　　　　　　（%）

原料	消化能（MJ/kg）	粗蛋白质	粗纤维	钙	磷
玉米秸秆	8.16	6.50	18.90	0.39	0.23
豆秸	8.28	4.60	40.10	0.74	0.12
玉米	15.44	8.60	2.00	0.07	0.24
小麦麸皮	11.92	15.60	9.20	0.14	0.96
豆饼	14.37	43.50	4.50	0.28	0.57
鱼粉	15.97	58.50	—	3.91	2.90
贝壳粉	—	—	—	36	—

第三步：试配日粮。一般食盐、矿物质饲料、预混料大致比例合计为3%左右，其余则为97%，见表3-19。

表3-19　兔日粮试配方案　　　　　　　（%）

原料	比例	消化能（MJ/kg）	粗蛋白质	粗纤维
玉米秸秆	25	2.04	1.62	4.73
豆秸	15	1.24	0.69	6.02
玉米	15	2.32	1.29	0.30
小麦麸皮	30	3.58	4.68	2.76

续表

原料	比例	消化能（MJ/kg）	粗蛋白质	粗纤维
豆饼	11	1.64	4.79	0.50
鱼粉	1	0.16	0.59	0
合计	97	10.98	13.66	14.31
营养需要	—	10.45～11.29	16.00	10～14
比较	—	—	2.35	—

以上日粮，粗纤维、消化能已基本满足，但粗蛋白质不足，应用蛋白质饲料豆饼来平衡。钙、磷最后考虑。

第四步：调整配方。用一定量的豆饼替代麸皮，所替代比例确定为 2.35÷（0.435-0.156）≈8%，见表3-20。

表3-20　调整后的配方　　　　（%）

原料	比例	消化能（MJ/kg）	粗蛋白质	粗纤维	钙	磷
玉米秸秆	25	2.04	1.62	4.73	0.10	0.06
豆秸	15	1.24	0.69	6.02	0.11	0.02
玉米	15	2.32	1.29	0.30	0.01	0.04
小麦麸皮	22	2.62	3.43	2.02	0.03	0.21
豆饼	19	2.84	8.27	0.86	0.05	0.11
鱼粉	1	0.16	0.59	0	0.04	0.21
合计	97	11.22	15.89	13.93	0.34	0.65

同营养需要相比较，消化能、粗蛋白质和粗纤维已基本满足，只是钙不足，尚缺 0.7%-0.343%＝0.357%，贝壳粉的添加量为 0.357%÷36≈1%，食盐添加量为 0.5%，预混料添加剂为 0.5%～1.5%。此外，还需考虑添加蛋氨酸、赖氨酸等必需氨基酸，经计算该配方中赖氨酸、含硫氨基酸已达 0.7%和 0.51%，故赖氨酸、蛋氨酸需再分别添加 0.2%。

第五步：列出日粮配方和营养价值，见表3-21。

171

表 3-21　生长兔 12 周龄后饲料配方和营养价值　　　（%）

原料	比例	养分	含量
玉米秸秆	25	消化能（MJ/kg）	11.2
豆秸	15	粗蛋白质	15.9
玉米	15	粗纤维	13.9
小麦麸	22	钙	0.7
豆粕	19	磷	0.46
鱼粉	1	—	—
贝壳粉	1	—	—
赖氨酸	0.2	—	—
蛋氨酸	0.2	—	—
食盐	0.5	—	—
微量元素预混料	0.5	—	—
多维素	0.6	—	—

（2）配方设计体会。

用试差法设计家兔配方时需要一定的经验，以下是笔者的几点体会，仅供参考。

第一，初拟配方时，先将食盐、矿物质、预混料等原料的用量确定。

第二，对所用原料的营养特点要有一定了解，确定有毒素、营养抑制因子等原料的用量。质量低的动物性蛋白饲料最好不用，因为其造成危害的风险很大。

第三，调整配方时，先以能量、粗蛋白质、粗纤维为目标进行，然后考虑矿物质、氨基酸等。

第四，矿物质不足时，先以含磷高的原料满足磷的需要，再计算钙的含量，不足的钙以低磷高钙的原料（如贝壳粉、石粉）补足。

第五，氨基酸不足时，以合成氨基酸补充，但要考虑氨基酸产品的含量和效价。

第六，计算配方时，不必过于拘泥于饲养标准。饲养标准只是一个参考值，原料的营养成分也不一定是实测值，用试差法手工计算完全达到饲养标准是不现实的，应力争使用计算机优化系统。

第七，配方营养浓度应稍高于饲养标准，一般确定一个最高的超出范围，如1%或2%。

第八，注意选择使用安全绿色饲料添加剂。我国2020年后禁止在饲料中添加使用任何促生长添加剂，为此，为了兔群安全生产，须选择使用绿色高效添加剂，如酸化剂、微生态制剂、寡聚糖、植物精油等，以保证兔产品安全。

第九，添加的抗球虫等药物，要轮换使用，以防产生耐药性。禁止使用马杜拉霉素等易中毒的添加剂。

第四章
家兔饲料配方实例

　　不同的区域根据当地饲料营养特点，设计不同的饲料配方。根据团队试验研究和养兔生产实践，参阅国内外已发表的论文以及饲料企业提供的饲料配方，经过整理及必要的校对，汇总出家兔饲料配方实例。

　　需要指出的是，在参考使用这些饲料配方时不能生搬硬套，需根据所饲养的家兔类型、品种、饲料种类的营养成分以及养殖环境等进行必要的调整，同时 2020 年起我国全面禁止在饲料中添加促生长添加剂（中草药除外），要严禁使用违禁药物，宜选择高效、绿色饲料添加剂，生产安全的兔肉产品。

　　配方大致按照家兔类型（肉兔、皮用兔、獭兔）、生理阶段等分述如下。

第一节　种兔饲料配方

一、国内饲料配方

　　1. 中国农业科学院兰州畜牧与兽药研究所推荐的肉兔饲料配方（表 4-1）

表 4-1　中国农业科学院兰州畜牧与兽药研究所推荐的种母兔饲料配方

（%）

原料	妊娠母兔	哺乳母兔及仔兔配方 1	哺乳母兔及仔兔配方 2
玉米	21.5	30	29
大麦	—	10	—
燕麦	22.1	—	14.7
麸皮	7	3	4
豆饼	9.8	17.5	14.8
鱼粉	0.6	4	4
苜蓿草粉	35	30.5	29.5
食盐	0.2	0.2	0.2
石粉	1.8	2	1.8
骨粉	2	2.8	2
营养价值			
消化能（MJ/kg）	10.46	11.3	—
粗蛋白质	15	18	—
粗纤维（计算值）	16	12.8	12.0
蛋氨酸	0.12	—	—
多种维生素	0.01	0.01	0.01
硫酸铜（mg/kg）	50	50	50

2. 山西省农业科学院畜牧兽医研究所实验兔场饲料配方（表 4-2）

表 4-2　山西省农业科学院畜牧兽医研究所实验兔场饲料配方　（%）

原料	空怀母兔	哺乳母兔
草粉	40.0	37.0
玉米	21.5	23.0

原料	空怀母兔	哺乳母兔
小麦麸	22.0	22.0
豆饼	10.5	12.3
葵花籽饼	4.5	4.0
磷酸氢钙	0.6	0.7
贝壳粉	0.6	0.7
食盐	0.3	0.3
预混料	0.5	0.5
多种维生素	适量	适量

1. 饲喂效果：繁殖母兔发情正常，受胎率高。2. 夏、秋季每兔日喂青苜蓿或菊苣 50～100 g，冬季日喂胡萝卜 50～100 g。3. 草粉种类有青干草、豆秸、玉米秸秆、谷草、苜蓿粉、花生壳等，草粉种类不同，饲料配方作相应调整。

3. 南阳壹品饲料科技有限公司商品饲料配方 – 肉种兔饲料配方（表 4–3）

表 4–3　肉种兔饲料配方　　　（％）

原料	比例	原料	比例
玉米（一级）	18	苜蓿草粉	15
小麦麸	16	花生壳粉	19
膨化大豆	5	米糠	2
豆粕	15	种兔复合预混料	5
玉米胚芽粕	5		

饲喂效果：母兔体况良好，采食量大，发情率达 90% 以上，断奶成活率达 95% 以上。

4. 重庆迪康肉兔有限公司肉兔种兔饲料配方（表 4–4）

表 4-4 肉种兔饲料配方 （%）

原料	比例	原料	比例
玉米	26.44	硫酸镁	0.2
豆粕	16	小苏打粉	0.2
优质鱼粉	2	氯化胆碱	0.06
小麦麸	15.2	赖氨酸	0.2
苜蓿草粉	37.5	蛋氨酸	0.1
轻质碳酸钙粉	0.3	兔用维生素添加剂	0.1
磷酸氢钙	0.2	兔用微量元素添加剂	1
食盐	0.5		

二、国外饲料配方

1. 法国种兔及育肥兔典型饲料配方（表 4-5）

表 4-5 法国种兔及育肥兔典型饲料配方 （%）

饲料原料	种用兔（1）	种用兔（2）	育肥兔（1）	育肥兔（2）
苜蓿粉	13	7	15	0
稻草	12	14	5	0
米糠	12	10	12	0
脱水苜蓿	0	0	0	15
干甜菜渣	0	0	0	15
玉米	0	0	0	12
小麦	0	0	10	10
大麦	30	35	30	25
豆饼	12	12	0	8
葵花籽饼	12	13	14	10
废糠渣	6	6	4	6
椰树芽饼	0	0	6	0

续表

饲料原料	种用兔（1）	种用兔（2）	育肥兔（1）	育肥兔（2）
粘合剂	0	0	1	0
矿物质与多维	3	3	3	4
营养水平				
粗蛋白质	17.3	16.4	16.5	15
粗纤维	12.8	13.8	14	14

2. 法国农业技术研究所兔场颗粒饲料配方（表4-6）

表4-6　皮、肉兔哺乳期颗粒饲料配方　　　　　（%）

饲料名称	比例	饲料名称	比例
小麦	19	甜菜渣	14
豆粕	9	糖浆	6
葵花籽粕	13	碳酸钙	1
苜蓿粉	25	矿物质盐及维生素	3
谷糠	10		

3. 西班牙繁殖母兔饲料配方1（表4-7）

表4-7　西班牙繁殖母兔饲料配方1　　　　　（%）

饲料名称	比例	饲料名称	比例
苜蓿粉	48	食盐	0.3
大麦	35	硫酸镁	0.01
豆粕	12	氯苯胍	0.08
动物脂肪	2	维生素E	0.005
蛋氨酸	0.1	BHT（2，6-二叔丁基对甲酚）	0.005
磷酸氢钙	2.3	矿物质和维生素预混料	0.2

营养水平：消化能12MJ/ kg，粗蛋白质12.2%，粗纤维14.7%，粗灰分10.2%。

4. 西班牙繁殖母兔饲料配方 2（表 4-8）

表 4-8　西班牙繁殖母兔饲料配方 2　　　　　（%）

饲料名称	比例	饲料名称	比例
苜蓿粉	92	食盐	0.1
动物脂肪	5	硫酸镁	0.01
蛋氨酸	0.17	氯苯胍	0.08
赖氨酸	0.17	维生素 E	0.01
精氨酸	0.12	BHT	0.01
磷酸钠	2.2	矿物质和维生素预混料	0.2

营养水平：消化能 9.6 MJ/kg；可消化粗蛋白质 10.5%，粗纤维 22.6%，粗灰分 13.6%。

5. 埃及繁殖母兔饲料配方（表 4-9）

表 4-9　埃及繁殖母兔饲料配方　　　　　（%）

饲料名称	比例	饲料名称	比例
玉米	17	鱼粉	1.1
小麦	9	石粉	0.6
大麦	22	食盐	0.2
小麦麸	8	矿物元素预混料	1.5
豆饼	3	维生素预混料	0.6

营养水平：消化能 11.7 MJ/kg，粗蛋白质 20%，粗纤维 13%，粗脂肪 2.5%，钙 1%，磷 1%。

6. 阿尔及利亚繁殖母兔典型饲料配方（表 4-10）

179

表4-10　阿尔及利亚繁殖母兔典型饲料配方　（%）

饲料名称	比例	营养成分	含量
玉米	32	消化能（MJ/kg）	10.88
苜蓿草粉	43.2	粗蛋白质	15.00
大麦	7	粗纤维	13.87
豆粕	13	不可消化粗纤维	11.86
小麦籽	2	含硫氨基酸	0.49
石粉	0.2	赖氨酸	0.73
磷酸氢钙	1.6	钙	1.32
矿物质维生素预混料	1	总磷	0.61
合计	100		

7. 捷克哺乳母兔典型饲料配方（表4-11）

表4-11　捷克哺乳母兔典型饲料配方　（%）

饲料名称	含量	营养成分	含量
苜蓿	30	干物质	89.2
白羽扇豆籽	25	粗蛋白质	17.6
小麦麸	5	NDF	26.7
甜菜渣	2	ADF	16.7
燕麦	13	木质素	4.3
大麦	22	淀粉	21.4
维生素矿物质补充剂	1	总能（MJ/kg）	17.2
磷酸氢钙	0.7		
石粉	1		
食盐	0.3		
合计	100		

　　饲喂效果：1～30日龄产奶量7 636 g；饲料转化率1～21日龄2.80，22～30日龄1.96；母乳组成中：蛋白质8.9%，脂肪14.3%，总多不饱和脂肪酸15.3%。

8. 希腊公兔饲料配方（表 4-12）

表 4-12　希腊公兔饲料配方　　　　（%）

饲料名称	比例	饲料名称	比例
苜蓿粉	32.5	赖氨酸	0.2
麦秸	2	蛋氨酸	0.1
玉米	48.5	磷酸钙	0.5
豆饼	5	食盐	0.6
葵花籽饼	9	矿物质和维生素预混料	1.6

营养水平：消化能 12.7 MJ/kg，粗蛋白质 14.5%，粗纤维 9.0%，粗脂肪 2.6%。

第二节　仔兔饲料配方

一、国内饲料配方

南阳壹品饲料科技有限公司商品饲料配方 - 仔幼兔饲料配方（表 4-13）

表 4-13　仔幼兔饲料配方　　　　（%）

原料	比例	原料	比例
玉米（一级）	14	苜蓿草粉	20
小麦麸	18	花生壳粉	15
豆粕	12	乳清粉	3
葵花籽粕	5	膨化大豆	3
玉米胚芽粕	5	仔兔复合预混料	5

二、国外饲料配方

1. 西班牙早期断奶兔饲料配方（表4-14）

表4-14　西班牙早期断奶兔饲料配方　　　　　　（%）

饲料名称	比例	饲料名称	比例
苜蓿粉	23.9	动物血浆	4.0
豆荚	7.7	猪油	2.5
甜菜渣	5.5	磷酸氢钙	0.42
葵花籽壳	5.0	碳酸钙	0.1
小麦	16.4	食盐	0.5
大麦	0.47	蛋氨酸	0.104
谷朊	10.0	苏氨酸	0.029
小麦麸	20.0	氯苯胍	0.10
海泡石	2.8	矿物质和维生素预混料	0.50

营养水平：消化能 11.4 MJ/kg，粗蛋白质 16.9%，ADF 20.9%，NDF 37.5%，ADL 4.7%。

2. 意大利仔兔诱食饲料配方（表4-15）

表4-15　意大利仔兔诱食饲料配方　　　　　　（%）

饲料名称	比例	饲料名称	比例
苜蓿粉	30	蔗糖蜜	2
大麦	8	石粉	0.55
小麦麸	25	磷酸氢钙	0.42
豆饼	6	食盐	0.45
葵花籽饼	8	蛋氨酸	0.08
甜菜渣	15	赖氨酸	0.10
动物脂肪	2	矿物质和维生素预混料	0.30
脱脂乳	2	抗球虫药	0.10

营养水平：消化能 10.53 MJ/kg，粗蛋白质 15.3%，粗纤维 17%，粗脂肪 3.7%。

第三节 幼兔（育肥兔）饲料配方

一、国内饲料配方

1.中国农业科学院兰州畜牧与兽药研究所推荐的种母兔饲料配方（表4-16）

表4-16 中国农业科学院兰州畜牧与兽药研究所推荐的种母兔饲料配方 （%）

原料	生长兔配方1	生长兔配方2	生长兔配方3
苜蓿草粉	36	35.3	35
麸皮	11.2	6.7	7
玉米	22	21	21.5
大麦	14	–	–
燕麦	–	20	22.1
豆饼	11.5	12	9.8
鱼粉	0.3	1	0.6
食盐	0.2	0.2	0.2
石粉	2.8	1.8	1.8
骨粉	2	2	2
营养价值			
消化能（MJ/kg）	10.46	10.46	10.46
粗蛋白质	15	16	15
粗纤维（计算值）	15	16	16
多种维生素	0.01	0.01	0.01
硫酸铜（mg/kg）	50	50	50

2.山西省农业科学院畜牧兽医研究所实验兔场饲料配方（表4-17）

表4-17　山西省农业科学院畜牧兽医研究所实验兔场饲料配方　（%）

原料	仔兔诱食料	生长肉兔
草粉	19.0	34.0
玉米	29.0	24.0
小麦麸	30.0	24.5
豆饼	14.0	12.0
葵花籽饼	5.0	4.0
鱼粉	1.0	–
蛋氨酸	0.1	–
赖氨酸	0.1	–
磷酸氢钙	0.7	0.6
贝壳粉	0.7	0.6
食盐	0.4	0.3
预混料	0.5	0.5
多种维生素	适量	适量

　　注：1.生长兔饲料配方：粗蛋白质17%，粗脂肪1.5%，粗纤维13%，灰分7.9%，属中等营养水平；2.饲喂效果：肉用生长兔：断奶体重达2 200 g，日增重30 g，料重比3∶1；3.夏、秋季每兔日喂青苜蓿或菊苣50～100 g，冬季日喂胡萝卜50～100 g；4.预混料系山西省畜牧兽医研究所实验兔场科研成果；5.草粉种类有青干草、豆秸、玉米秸秆、谷草、苜蓿粉、花生壳等，草粉种类不同，饲料配方作相应调整。

3. 重庆迪康肉兔有限公司生长肉兔饲料配方（表4–18）

表4-18　重庆迪康肉兔有限公司生长肉兔饲料配方　　　（%）

原料	比例	原料	比例
玉米	26.74	硫酸镁	0.2
豆粕	16	小苏打粉	0.1
优质鱼粉	2	氯化胆碱	0.06
小麦麸	15.9	赖氨酸	0.2
苜蓿草粉	36.5	蛋氨酸	0.1
轻质碳酸钙粉	0.3	兔用维生素添加剂	0.1
磷酸氢钙	0.2	兔用微量元素添加剂	1
食盐	0.5	复合酶	0.1

4.山东省农业科学院畜牧兽医研究所生长兔饲料配方（表4-19）

表4-19　山东省农业科学院畜牧兽医研究所生长兔饲料配方　　　（%）

原料	比例	营养水平	含量
玉米	15.00	消化能（MJ/kg）	9.91
小麦麸	14.5	粗蛋白质	16.0
豆粕	12.00	粗纤维	14.29
玉米胚芽粕	10.00	粗脂肪	3.75
大豆皮	5.00	钙	1.14
花生秧	6.00	磷	0.67
葵花壳	8.0	赖氨酸	0.86
稻壳粉	12.00	蛋氨酸＋胱氨酸	0.32
麦芽根	10.00	—	—
大豆油	1.5	—	—
葡萄糖	1.00	—	—
预混料	5.0	—	—

注：每吨饲料添加中草药：苍术200 g，黄连200 g，黄芪300 g，神曲300 g，山楂500 g。

5. 重庆阿祥记食品有限公司兔业分公司养殖基地饲料配方
（表4-20）

表4-20　生长肉兔饲料配方　　　　　（%）

原料	比例	营养水平	含量
玉米	12.00	消化能（MJ/kg）	9.80
小麦麸	18.40	粗蛋白质	16.70
次粉	3.00	粗纤维	17.0
豆粕	7.50	粗脂肪	2.8
葵花粕	15.00	钙	0.83
米糠	3.00	磷	0.50
苜蓿草粉	15.00	赖氨酸	0.87
稻壳粉	15.00	蛋氨酸＋胱氨酸	0.5
酒糟	3.0	——	——
食盐	0.5	——	——
磷酸氢钙	0.25	——	——
石粉	1.40	——	——
豆油	0.50	——	——
赖氨酸	0.25	——	——
蛋氨酸	0.20	——	——
葡萄糖	1.00	——	——
糖蜜	3.0	——	——
预混料	1.00	——	——

饲养效果：77日龄伊拉商品兔体重达2.53 kg，日增重34.14 g，料重比3.26∶1。

6.南阳壹品饲料科技有限公司商品饲料配方–生长育肥兔饲料配方（表4–21）

表4–21　生长育肥兔饲料配方　　　　　　（%）

原料	比例	原料	比例
玉米（一级）	12	苜蓿草粉	17
小麦麸	18	花生壳粉	16
豆粕	12	米糠	5
葵花籽粕	5	肉兔复合预混料	5
玉米胚芽粕	10		

二、国外饲料配方

1.法国四个生长兔饲料配方（表4–22）

表4–22　法国四个生长兔饲料配方　　　　（%）

饲料名称	配方1	配方2	配方3	配方4
小麦	12.0	12.4	—	—
大麦	13.0	—	25	—
次粉	—	—	—	23
小麦麸	14.0	20.0	25	30
糖蜜	5.0	—	—	—
豆饼	11.5	10.0	11.0	8
苜蓿草粉	28.0（17%CP）	30.0	35	35
麦秸	10.0	6.0	—	—
甜菜渣（干）	4.5	20.0	—	—
预混料（含蛋氨酸）	1.0	—	—	—
维生素矿物质预混料	—	1.6	4	4
营养水平	—	—	—	—
消化能（MJ/kg）	10.0			

饲料名称	配方 1	配方 2	配方 3	配方 4
粗蛋白质	15.7	16.0	—	—
粗脂肪	1.8	—	—	—
中性洗涤纤维（NDF）	31.7	37.9	—	—
酸性洗涤纤维（ADF）	17.6	18.9	—	—
酸性洗涤木质素（ADL）	—	3.4	—	—

饲喂效果：（1）配方1：断奶后35天，日增重46.2 g，料重比2.95∶1。（2）配方2：28～70日龄，日增重41.9 g，料重比2.84∶1。（3）配方3：28～84日龄，日增重30.5 g，料重比4.52∶1。（4）配方4：28～84日龄，日增重28.8 g，料重比3.91∶1。

2. 西班牙生长兔饲料配方 1（表 4-23）

表 4-23　西班牙生长兔饲料配方 1　　　　　（%）

饲料名称	生长兔	营养成分	含量
大麦	13.0	消化能（MJ/kg）	18.5
小麦麸	19.4	粗蛋白质	18.5
豆粕	11.7	粗灰分	9.9
葵花籽饼	10.0	NDF	42.1
玉米蛋白	2.0	ADF	27.2
苜蓿粉	14.0	ADL	6.8
麦秸	12.0	—	—
葵花籽壳	14.0	—	—
猪油	0.91	—	—
糖蜜	1.5	—	—
碳酸钙	0.63	—	—
食盐	0.45	—	—
添加剂	0.41	—	—

饲喂效果：从30日龄至屠宰体重（2.02 kg），日增重37.6 g，料重比2.96∶1。

3. 西班牙生长兔饲料配方 2（表 4-24）

表 4-24　西班牙生长兔饲料配方 2　　　　（%）

饲料名称	生长兔	营养成分	含量
大麦	13.0	消化能（MJ/kg）	18.5
小麦麸	19.4	粗蛋白质	18.5
豆饼	11.7	粗灰分	7.4
葵花籽饼	10.0	NDF	43.0
玉米蛋白质	2.0	ADF	28.15
葡萄籽饼	7.5	ADL	67.5
豆荚	32.5	—	—
猪油	0.91	—	—
碳酸钙	0.63	—	—
食盐	0.45	—	—
添加剂	0.41	—	—

饲喂效果：从 30 日龄至屠宰体重（2.02 kg），日增重 35.8 g，料重比 2.96:1。

4. 意大利 5 个生长兔饲料配方 1（表 4-25）

表 4-25　意大利 5 个生长兔饲料配方　　　　（%）

饲料名称	配方 1	配方 2	配方 3	配方 4	配方 5
大麦	20	22	28	30	32
小麦麸	24	24	24	24	24
豆饼	5	3	6.0	4	2
葵花籽粕	5	3	6.0	4	2
甜菜渣	10	12	10.0	12	14
苜蓿草粉	32	32	22	22	22
石粉	0.25	0.25	0.25	0.25	0.25
磷酸氢钙	0.65	0.65	0.65	0.65	0.65
糖蜜	2	2	2	2	2
食盐	0.45	0.45	0.45	0.45	0.45

续表

饲料名称	配方 1	配方 2	配方 3	配方 4	配方 5
蛋氨酸	0.15	0.15	0.15	0.15	0.15
赖氨酸	0.10	0.10	0.10	0.10	0.10
矿物质和维生素预混料	0.30	0.30	0.30	0.30	0.30
抗球虫药	0.10	0.10	0.10	0.10	0.10
营养水平					
消化能（MJ/kg）	10.26	9.99	10.45	10.31	10.29
粗蛋白质	15.6	14.4	15.4	14.3	13.1
粗纤维	15.2	15.5	12.9	13.7	12.7
粗脂肪	2.31	2.2	2.0	1.5	2.0

饲喂效果：（1）配方 1：35～77 日龄，日增重 45.6 g，料重比 3.21：1；（2）配方 2：35～77 日龄，日增重 43.7 g，料重比 3.35：1；（3）配方 3：35～77 日龄，日增重 44.9 g，料重比 3.28：1；（4）配方 4：35～77 日龄，日增重 44.6 g，料重比 3.29：1；（5）配方 5：35～77 日龄，日增重 44.6 g，料重比 3.26：1。

5. 墨西哥生长兔饲料配方 1（表 4-26）

表 4-26　墨西哥生长兔饲料配方 1　　　　　（%）

饲料名称	比 例	营养成分	比 例
高粱	28.75	消化能（MJ/kg）	10.46
豆饼	8.00	粗蛋白质	16.5
苜蓿粉	59.11	粗纤维	20.01
植物油	1.00	NDF	17.92
沙粒	0.61	ADF	12.94
磷酸氢钙	1.50	钙	1.23
抗氧化剂	0.01	赖氨酸	0.84
蛋氨酸	0.11	蛋＋胱氨酸	0.63
赖氨酸	0.02	苏氨酸	0.68
苏氨酸	0.03	—	—

饲料名称	比例	营养成分	比　例
矿物质预混料	0.10	—	—

饲喂效果：断奶至 2 200 g 体重，所需肥育天数 41 天，日增重 37 g，料重比 3.1∶1。

6. 法国育肥兔典型饲料配方（Lebas. F）（表 4-27）

表 4-27　法国育肥兔典型饲料配方（Lebas.F）　　　　（%）

饲料名称	比例	营养成分	含量
大麦籽	24	干物质	88.1
豆粕	14	粗蛋白质	15.9
硬小麦秸秆	22	粗纤维	12.0
硬小麦麸	35	NDF	28.7
混合蔬菜油	1	ADF	13.7
石粉	2	ADL	3.7
磷酸氢钙	1	—	—
微量维生素预混合料	1	—	—

饲喂效果：31 ～ 79 天平均日增重 33.0 g，料重比 3.38∶1。

7. 匈牙利生长兔典型饲料配方（表 4-28）

表 4-28　匈牙利生长兔典型饲料配方　　　　（%）

饲料名称	比例	营养成分（计算值）	含量
豆粕	14	干物质	88.7
脱水苜蓿	37	消化能（MJ/kg）	9.9
大麦	23.7	粗蛋白质	17
小麦秸秆	12	粗纤维	18.4
脂肪粉	3.5	淀粉	13.3
磷酸二氢钙	0.3	—	—

 家兔饲料生产学

续表

饲料名称	比例	营养成分（计算值）	含量
食盐	0.5	—	—
DL– 蛋氨酸	0.1	—	—
L– 赖氨酸盐酸盐	0.4	—	—
维生素矿物质预混合料	0.5	—	—
干苹果渣	4	—	—
沸石	1	—	—
百里香	3	—	—

饲喂效果：5 ～ 11 周平均日增重 39.1 g，料重比 3.44∶1。

第四节　獭兔饲料配方

一、国内饲料配方

1. 金星良种獭兔场饲料配方（表 4–29）

表 4-29　金星良种癞兔场饲料配方

（%）

项目	18～60 日龄				全价料（冬天用）				精料补充料（夏天用）	
饲料原料	配方 1	配方 2	配方 3	配方 4	配方 1	配方 2	配方 3	配方 4	配方 1	配方 2
稻草粉	15.0	10.0	15.0	10.0	13.0	—	13.0	—	—	—
三七糠	7.0	—	7.0	—	12.0	9.0	13.0	9.0	7.0	7.0
苜蓿草粉	—	22.0	—	22.0	—	30.0	—	30.0	—	—
玉米	5.9	6.0	5.9	6.0	8.0	8.0	9.0	8.0	19.3	19.3
小麦	23.0	17.0	21.0	15.0	23.0	21.0	21.0	19.5	21.0	29.0
麦皮	27.0	29.4	27.0	29.4	23.0	19.5	21.0	19.5	20.0	20.0
豆粕	19.0	13.0	21.0	15.0	18.0	10.0	20.0	11.5	23.0	21.0
DL-蛋氨酸	0.2	0.2	0.2	0.2	0.2	0.2	0.2	0.2	0.3	0.3
L-赖氨酸	0.1	0.1	0.1	0.1	—	—	—	—	0.1	0.1
骨粉	0.8	0.8	0.8	0.8	0.8	0.8	0.8	0.8	1.0	1.0
石粉	1.5	1.0	1.5	1.0	1.5	1.0	1.5	1.0	1.8	1.8
食盐	0.5	0.5	0.5	0.5	0.5	0.5	0.5	0.5	0.5	0.5

续表

项目	18～60 日龄				全价料（冬天用）				精料补充料（夏天用）	
饲料原料 营养水平	配方 1	配方 2	配方 3	配方 4	配方 1	配方 2	配方 3	配方 4	配方 1	配方 2
消化能（MJ/kg）	10.80	10.86	10.80	10.87	10.58	10.74	10.52	10.74	12.54	12.54
粗蛋白质	17.38	17.41	17.95	17.98	16.68	16.69	17.07	17.11	19.03	18.46
粗纤维	10.38	13.1	10.44	13.16	11.04	14.66	11.25	14.70	6.1	6.05
钙	0.95	0.96	0.95	0.96	0.95	1.04	0.96	1.04	1.08	1.08
磷	0.60	0.62	0.60	0.63	0.58	0.59	0.57	0.60	0.62	0.61
赖氨酸	0.81	0.82	0.86	0.86	0.70	0.71	0.74	0.74	0.90	0.86
蛋氨酸＋胱氨酸	0.65	0.62	0.66	0.64	0.64	0.63	0.66	0.64	0.82	0.81

2. 山西省农业科学院实验种兔场獭兔饲料配方（表4-30）

表4-30 山西省农业科学院畜牧兽医研究所实验兔场饲料配方 （%）

原料	比例	原料	比例
玉米	24.0	贝壳粉	0.6
小麦麸	23.3	蛋氨酸	0.1
豆饼	12.0	赖氨酸	0.1
葵花籽饼	4.0	食盐	0.3
鱼粉	1.0	预混料	0.5
草粉	34.0	多种维生素	适量
磷酸氢钙	0.6		

注：1. 生长兔饲料配方。粗蛋白质17%，粗脂肪1.5%，粗纤维13%，灰分7.9%；属中等营养水平；2. 饲喂效果。獭兔生长兔：90～100日龄体重达2100 g；3. 夏、秋季每兔日喂青苜蓿或菊苣50～100 g，冬季日喂胡萝卜50～100 g；4. 草粉种类有青干草、豆秸、玉米秸秆、谷草、苜蓿粉、花生壳等，草粉种类不同，饲料配方作相应调整。

3. 山西省右玉县某兔场生长獭兔饲料配方（表4-31）

表4-31 山西省右玉县某兔场生长獭兔饲料配方 （%）

饲料名称	配方1	配方2
玉米	22	22
麸皮	14	14
豆粕	14	14
干全酒糟（DDGS）	6	6
棉籽饼	2	2
菜籽饼	2	2
苜蓿	5	10
花生秧	13	22
糜子秸秆	10	—
糜子壳	—	10

饲料名称	配方 1	配方 2
葵花皮	5	13
维生素矿物质预混料	7	7
营养成分		
能量（MJ/kg）	15.90	15.91
粗蛋白质	14.04	13.43
粗纤维	14.53	17.34
钙	1.14	1.01
磷	0.44	0.43
中性洗涤纤维	56.99	64.90
酸性洗涤纤维	24.33	25.92

注：配方 1 饲喂效果：35 ～ 95 日龄平均日增重 17.45 g。配方 2 饲喂效果：35 ～ 95 日龄平均日增重 18.86 g。

4. 杭州养兔中心种兔场獭兔饲料配方（表 4-32）

表 4-32　杭州养兔中心种兔场獭兔饲料配方　　　　（%）

饲料原料	生长兔	妊娠母兔	泌乳母兔	产皮兔
青干草粉	15	20	15	20
麦芽根	32	26	30	20
统糠	—	—	—	15
次粉	—	—	25	—
玉米	6	—	—	8
大麦	—	10	—	—
麦麸	30	30	10	25
豆饼	15	12	18	10
石粉或贝壳粉	1.5	1.5	1.5	1.5
食盐	0.5	0.5	0.5	0.5

续表

饲料原料	生长兔	妊娠母兔	泌乳母兔	产皮兔
添加剂	—	—	—	—
蛋氨酸	0.2	0.2	0.2	0.2
抗球虫药	按说明使用	—	—	—
营养成分				
消化能（MJ/kg）	9.88	9.92	10.38	9.38
粗蛋白质	18.04	16.62	18.83	14.88
粗脂肪	3.38	3.12	3.33	3.25
粗纤维	12.23	12.75	10.47	15.88
钙	0.64	0.74	0.63	0.80
磷	0.59	0.60	0.45	0.56
赖氨酸	0.76	0.69	0.81	0.57
蛋氨酸＋胱氨酸	0.76	0.72	0.76	0.64

5. 四川草原研究院生长獭兔饲料配方（表4-33）

表4-33 生长獭兔饲料配方 （％）

原料	比例	营养水平	含量
玉米	20	消化能（MJ/kg）	10.21
小麦麸	22.8	粗蛋白质	16.0
豆粕	14.6	粗纤维	14.29
花生秧	40.1	钙	0.58
食盐	0.5	磷	0.62
磷酸氢钙	1.0	蛋氨酸＋胱氨酸	0.46
预混料	1.0		

6. 河北农业大学幼獭兔饲料配方（表 4-34）

表 4-34　獭兔仔幼兔饲料配方　　　　　（%）

原料	比例	营养水平	含量
玉米皮	24.00	消化能（MJ/kg）	10.0
小麦麸	18.00	粗蛋白质	15.72
次粉	10.00	粗纤维	16.50
大豆粕	3.15	NDF	36.49
葵花粕	3.00	ADF	20.66
苜蓿草粉	30.0	ADL	4.57
花生秧	7.00	钙	1.00
蛋氨酸	0.35	磷	0.61
赖氨酸（65%）	0.50	赖氨酸	1.00
预混料	4.00	蛋氨酸 + 胱氨酸	0.86

注：预混料为每千克中添加氯苯胍 125 mg。消化能为计算值，其他为实测值。
饲养效果：出生 17～37 天，日增重 22.5 g，料重比 1.38∶1。

二、国外饲料配方

1. 美国獭兔全价颗粒饲料配方（表 4-35）

表 4-35　獭兔全价颗粒饲料配方　　　　　（%）

饲料名称	育成兔（0.5～4 kg）	空怀兔	妊娠兔	泌乳兔
苜蓿干草	50	—	50	40
三叶草干草	—	70	—	—
玉米	23.5	—	—	—
大麦	11	—	—	—
燕麦	—	29.5	45.5	—
小麦	—	—	—	25
高粱	—	—	—	22.5

续表

饲料名称	育成兔（0.5～4 kg）	空怀兔	妊娠兔	泌乳兔
小麦麸	5	—	—	—
大豆饼	10	—	4	12
食盐	0.5	0.5	0.5	0.5

美国30～136日龄兔全价颗粒料配方如下：草粉30%，新鲜燕麦（或玉米）19%，新鲜大麦（或新鲜玉米）19%，小麦麸15%，葵花籽饼渣13%，鱼粉2%，食盐0.5%，水解酵母1%，骨粉0.5%。

2. 俄罗斯皮用兔饲料配方（表4-36）

表4-36 俄罗斯皮用兔饲料配方 （%）

饲料名称	比例	营养成分	含量
草粉	30	代谢能（MJ/kg）	9.6
玉米	15	粗蛋白质	16.2
小麦	21	粗纤维	12.0
磷酸盐	0.5	粗脂肪	3.1
食盐	0.5	钙	0.68
燕麦	10	磷	0.56
小麦麸	11		
葵花籽饼	10		
沸石	2		

饲喂效果：90～150日龄，日增重20.1 g，料肉比7:1，优质皮比例显著提高。

第五节 毛兔饲料配方

一、国内饲料配方

1.中国农业科学院兰州畜牧与兽药研究所安哥拉妊娠兔、哺乳兔、种公兔常用配合饲料配方（表4-37）

表4-37 安哥拉妊娠兔、哺乳兔、种公兔常用配合饲料配方 （%）

项目	妊娠兔			哺乳兔		种公兔	
	配方1	配方2	配方3	配方1	配方2	配方1	配方2
饲料原料							
苜蓿草粉	37	40	42	31	32	43	50
玉米	28	18	30.5	30	29	15	—
麦麸	18	8	12.5	15	20	17	16
大麦	—	17	—	5	—	—	16
豆饼	3	—	5	5	5	5	4
胡麻饼	5	5	—	4	5	6	5
菜籽饼	6	5	7	7	6	9	4
鱼粉	1	5	1	1	1	3	3
骨粉	1.5	1.5	1.5	1.5	1.5	1.5	1.5
食盐	0.5	0.5	0.5	0.5	0.5	0.5	0.5
添加成分							
硫酸锌（g/kg）	0.10	0.10	0.10	0.10	0.10	0.3	0.3
硫酸锰（g/kg）	0.05	0.05	0.05	0.05	0.05	0.3	0.3
硫酸铜（g/kg）	0.05	0.05	0.05	0.05	—	—	—

续表

项目	妊娠兔			哺乳兔		种公兔	
	配方 1	配方 2	配方 3	配方 1	配方 2	配方 1	配方 2
多种维生素（g/kg）	0.1	0.1	0.1	0.2	0.2	0.3	0.2
蛋氨酸	0.2	0.3	0.3	0.3	0.3	0.1	0.1
赖氨酸	—	—	—	0.1	0.1	—	—
营养成分							
消化能（MJ/kg）	10.21	10.21	10.38	10.88	10.72	9.84	9.67
粗蛋白质	16.7	15.4	16.1	16.5	17.3	17.8	16.8
可消化粗蛋白质	13.6	11.1	11.7	12.0	12.2	13.2	12.2
粗纤维	18.0	15.7	16.2	14.1	15.3	16.5	19.0
赖氨酸	0.60	0.70	0.60	0.75	0.75	0.80	0.80
含硫氨基酸	0.75	0.80	0.80	0.85	0.85	0.65	0.65

注：苜蓿草粉的粗蛋白质含量约 12%，粗纤维 35%。

2. 中国农业科学院兰州畜牧与兽药研究所安哥拉生长兔、产毛兔常用配合饲料配方（表 4-38）

表 4-38　安哥拉生长兔、产毛兔常用配合饲料配方　　　（%）

项目	断奶 -3 月龄生长兔			4-6 月龄生长兔		产毛兔	
	配方 1	配方 2	配方 3	配方 1	配方 2	配方 1	配方 2
饲料原料							
苜蓿草粉	30	33	35	40	33	45	39
玉米	—	—	—	21	31	21	25
麦麸	32	37	32	24	19	19	21
大麦	32	22.5	22	—	—	—	—
豆饼	4.5	6	4.5	4	5	2	2

项目	断奶 -3 月龄生长兔			4-6 月龄生长兔		产毛兔	
	配方 1	配方 2	配方 3	配方 1	配方 2	配方 1	配方 2
胡麻饼	—	—	3	4	4	6	6
菜籽饼	—	—	—	5	6	4	4
鱼粉	—	—	2	—	—	1	1
骨粉	1	1	1	1.5	1.5	1.5	1.5
食盐	0.5	0.5	0.5	0.5	0.5	0.5	0.5
添加成分							
硫酸锌（g/kg）	0.05	0.05	0.05	0.07	0.07	0.04	0.04
硫酸锰（g/kg）	0.02	0.02	0.02	0.02	0.02	0.03	0.03
硫酸铜（g/kg）	0.15	0.15	0.15	—	—	0.07	0.07
多种维生素（g/kg）	0.1	0.1	0.1	0.1	0.1	0.1	0.1
蛋氨酸	0.2	0.2	0.1	0.2	0.2	0.2	0.2
赖氨酸	0.1	0.1	—	—	—	—	—
营养成分							
消化能（MJ/kg）	10.67	10.34	10.09	10.46	10.84	9.71	10.00
粗蛋白质	15.4	16.1	17.1	15.0	15.9	14.5	14.1
可消化粗蛋白质	11.7	11.9	11.6	10.8	11.3	10.3	10.2
粗纤维	13.7	15.6	16.0	16.0	13.9	17.0	15.7
赖氨酸	0.6	0.75	0.7	0.65	0.65	0.65	0.65
含硫氨基酸	0.7	0.75	0.7	0.75	0.75	0.75	0.75

注：苜蓿草粉的粗蛋白质含量约 12%，粗纤维 35%。

3. 江苏省农业科学院饲料食品研究所安哥拉兔常用配合饲料配方（表4-39）

表4-39　安哥拉兔常用配合饲料配方　　　　　　（%）

项目	妊娠兔	哺乳兔		产毛兔		种公兔	
		配方1	配方2	配方1	配方2	配方1	配方2
饲料原料							
玉米	25.5	23	26	14	19	26.0	20
麦麸	33	30	32	36	33.5	31.0	31.5
豆饼	16	19	19	16	17	13.5	11
苜蓿草粉	—	—	—	30.5	27	31.5	31.5
青干草粉	11	18	15	—	—	—	—
大豆秸秆	11	3	3.5	—	—	—	—
骨粉	—	2.7	2.2	—	—	0.7	0.7
石粉	1.2	–	–	1.2	1.2	1.0	1.0
食盐	0.3	0.3	0.3	0.3	0.3	0.3	0.3
预混料	2	2	2	2	2	2	2
鱼粉	—	2				4	2
营养成分							
消化能（MJ/kg）	10.76	10.55	10.76	11.60	11.64	11.46	11.49
粗蛋白质	16.09	18.37	17.32	17.77	17.84	17.85	15.70
可消化粗蛋白质	10.98	12.95	10.97	11.87	12.09	12.90	11.10
粗纤维	11.96	10.70	10.24	15.23	13.94	14.89	14.86
钙	0.71	1.22	1.02	1.01	0.97	1.27	1.21
磷	0.45	0.91	0.81	0.47	0.46	0.60	—
含硫氨基酸	0.66	0.72	0.68	0.91	0.92	0.78	—
赖氨酸	1.08	1.24	1.14	0.74	0.76	1.13	—

注：预混料由该研究所自己研制。

4. 浙江省新昌县长毛兔研究所良种场长毛兔饲料配方（表4-40）

表4-40 长毛兔饲料配方 （%）

饲料名称	比例	饲料名称	比例
玉米	16	麦芽根	16
次粉	10	松针粉	3
小麦麸	16	贝壳粉	2
豆粕	11	食盐	1.5
菜籽粕	2	微量元素（预混）	1.5
蚕蛹	0.5	蛋氨酸	0.2
酵母粉	1	赖氨酸	0.2
草粉	8	多种维生素	0.1
大糠	11	抗球虫药	另加

营养水平：消化能 10.47 MJ/kg，粗蛋白质 16.93 %，粗纤维 13.27%，粗脂肪 2.06%，钙 0.76%，磷 0.46%，赖氨酸 0.89%，含硫氨基酸 0.77%。

注：1. 种兔日粮配方在此基础上作适当调整；2. 应有效果。自由采食，月增重 1.1 kg 左右

5. 山东省临沂市长毛兔研究所长毛兔饲料配方（表4-41）

表4-41 山东省临沂市长毛兔研究所长毛兔饲料配方 （%）

项目	仔、幼兔生长期用	青、成种用
饲料原料		
花生秧	40	46
玉米	20	18.5
小麦麸	16	15
大豆粕	21	18
骨粉	2.5	2
食盐	0.5	0.5

续表

项目	仔、幼兔生长期用	青、成种用
另加		
进口蛋氨酸	0.3	0.15
进口多种维生素	12 g/50 kg 料	12 g/50 kg 料
微量元素	按产品使用说明加量	按产品使用说明加量
营养水平		
消化能（MJ/kg）	9.84	9.50
粗蛋白质	18.03	17.18
粗纤维	13.21	14.39
粗脂肪	3.03	2.91
钙	1.824	1.81
磷	0.637	0.55
含硫氨基酸	0.888	0.701
赖氨酸	0.926	0.853

注：为防止腹泻，可在饲料中拌加大蒜素，连用 5 天停药（加量要按产品说明）。

6. 浙江省饲料公司安哥拉兔产毛兔配合饲料配方（表 4-42）

表 4-42　安哥拉兔产毛兔配合饲料配方　　　　　　（%）

项目	配方 1	配方 2	配方 3
饲料原料			
玉米	35	17.1	24.9
次粉	12	10	—
小麦	—	—	10
麦麸	7	8.1	10
豆饼	14	10.9	15.5
菜籽饼	8	8	8
青草粉	—	38.5	29.2

家兔饲料生产学

续表

项目	配方1	配方2	配方3
松针粉	5	5	—
米糠	16	—	—
贝壳粉	2	1.4	1.4
食盐	0.5	0.5	0.5
添加剂			
营养成分			
消化能（MJ/kg）	11.72	10.46	11.72
粗蛋白质	16.24	16.25	18.02
粗脂肪	3.98	3.70	3.82
粗纤维	12.55	15.92	12.52
赖氨酸	0.64	0.64	0.73
含硫氨基酸	0.7	0.7	0.7

注：添加剂为该公司产品。

7. 江苏省农业科学院食品研究所兔场产毛兔及公兔饲料配方（表4-43）

表4-43　产毛兔及公兔饲料配方　　　　（%）

项目	产毛兔		种公兔	
	配方1（M-01）	配方2（M-02）	配方1（G-01）	配方2（G-02）
饲料原料				
苜蓿草粉	27	30.5	31.5	31.5
豆饼	17	16.0	13.5	11.0
玉米	19	14.0	16.0	2.0
麦麸	33.5	36.0	31.0	31.5
进口鱼粉	0	0	4.0	2.0
石粉	1.2	1.2	1.0	1.0

206

项目	产毛兔		种公兔	
	配方 1 （M-01）	配方 2 （M-02）	配方 1 （G-01）	配方 2 （G-02）
骨粉	0	0	0.7	0.7
食盐	0.3	0.3	0.3	0.3
预混料	2.0	2.0	2.0	2.0
营养水平				
消化能（MJ/kg）	11.64	11.60	11.46	11.49
粗蛋白质	17.34	17.77	17.85	15.70
可消化粗蛋白质	12.09	11.87	12.90	11.10
粗脂肪	2.79	2.74	3.89	2.86
粗纤维	13.94	15.23	14.89	14.86
钙	0.97	1.01	1.27	1.21
磷	0.46	0.47	0.60	
含硫氨基酸	0.92	0.91	0.78	
赖氨酸	0.76	0.74	1.13	
精氨酸	1.18	1.17	1.19	

注：1.M-01，M-02 预混料含硫氨基酸 0.4%（饲料中含量），维生素和微量元素达标；2.M-01 号料。采食量日不低于 160 g，80 天采毛量（除夏）220 g 以上，毛料比为 1∶55；3.M-02 号料。采食量每日不低于 150 g，80 天采毛量（除夏）205 g 以上，毛料比为 1∶60；4.G-01、G-02 号料：采食量不低于 160 g/d，隔日采精，性欲旺盛，精液品质正常。但在南方高温季节可能影响性欲及精液品质；5.G-01，G-02 预混料含蛋氨酸 0.2%，赖氨酸 0.3%（饲料中）。

二、国外饲料配方

德国长毛兔饲料配方（表 4-44）

表4-44　德国长毛兔饲料配方　　　　　　（%）

饲料名称	比例	饲料名称	比例
玉米	6.00	糖浆	1.52
小麦	10.00	大豆油	0.53
小麦麸	4.70	啤酒糟酵母	1.0
块茎渣	7.0	食盐	0.50
大豆	10.20	蛋氨酸	0.40
肉粉	7.00	微量元素	0.70
青干草粉	28.85	石榴皮碱	0.40
麦芽	19.20		

第五章
家兔饲料生产与质量控制

　　理论和实践证明，家兔采食全价颗粒饲料可以提高饲料利用率和生产性能，保证家兔健康。因此，饲料加工就是颗粒饲料的生产，即根据设计的饲料配方对原料进行粉碎、称量、混合、制粒、干燥等。质量控制就是利用科学的方法对产品实行控制，以预防不合格品的产生，达到质量标准的过程。

第一节　家兔配合饲料生产工艺

一、配合饲料生产工艺概述

　　配合饲料是在配方设计的基础上，按照一定的生产工艺流程生产出来的。家兔配合饲料的基本生产工艺流程包括：原料的采购、粉碎、混合、后处理（调制、制粒、干燥、过筛）、包装、贮存等环节。家兔配合饲料生产工艺示意见图5-1。
　　兔场饲料加工车间应安排在远离兔场的地方。

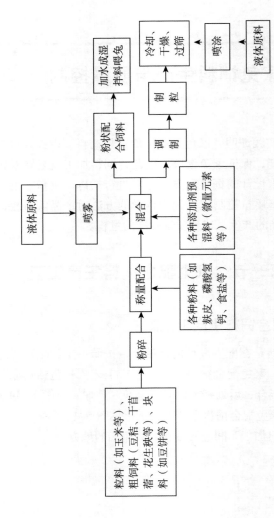

图 5-1 家兔配合饲料生产工艺示意

210

二、原料的采购、贮存、前处理

为了保证饲料质量，必须从采购饲料源头抓起。大宗原料如玉米、麸皮等以当地采购为主。饼类饲料需从大型加工食用油知名企业采购，这样可以保证质量。草粉是家兔饲料中重要的成分之一，也是保证饲料安全的关键原料之一，必须检查饲料是否发霉变质、是否带有塑料薄膜、含土是否超标。外地生产的最好去生产地进行实地考察，质量合格的方可采购。添加剂除自配外，严格选择供应企业。选择信誉度高、产品质量优、服务良好的企业产品。我国从 2020 年 7 月 1 日起，严禁在饲料中添加任何促生长添加剂（除中草药），为此，要特别予以关注。

原料需贮存在通风干燥、温度适宜的仓库。记录进货日期、数量、存放位置等。出库遵循先进先出的原则。

对饲料原料进行前处理，即清理，就是采用筛选、风选、磁选或其他方法去除原料中所含杂质的过程。需要清选的饲料主要有植物性饲料（如饲料谷物、农产品副产品等）。所用谷物、饼粕类饲料常常含有泥土、金属等杂质需要清理出来，一方面保障成品的含杂质量尽量在规定的范围，同时保证加工设备的安全运行。液体饲料原料只需要通过过滤即可。

三、粉碎

一般粒状精料、粗料利用前均需粉碎。目的是提高家兔对饲料的利用率，有利于均匀混合，便于加工成质量合格颗粒饲料。

（一）粉碎设备

目前饲料的粉碎通常使用锤片式粉碎机。锤片式粉碎机按进料方向可分为切向喂料式、轴向喂料式和径向喂料式三种。锤片式粉碎机根据饲料组方、能量消耗控制粉碎机的送料是必需的。送料装置还应设置磁铁来防止金属等杂物进入。必须经常检查粉

碎机锤片是否磨损，筛网有无漏洞、漏缝、错位等。

（二）两种工艺的特点

根据饲料生产工艺的设计，有两种原料粉碎系统，即先配料后粉碎系统和先粉碎后配料系统。先配料后粉碎系统是将各种原料一起粉碎，而先粉碎后配料系统是每种原料单独进行粉碎。这两种系统各有其优缺点。

1. 先配料后粉碎系统

根据设计的配方将各种原料称重之后进行粉碎，这种系统生产成本和投资更低一些。

在粉碎之前应设置筛板，能够在粉碎加工过程中节约能源（因为细的颗粒不再通过粉碎机就进入下一道工序），这样会延长粉碎机的寿命，并且使减压管的堵塞问题减少，从而增加了粉碎的效率。

2. 先粉碎后配料系统

将各种原料单独粉碎，然后按照饲料配方组分要求的数量称取各种原料的粉料。

这种系统的优点：每种原料的粒度大小可以通过更换粉碎机的筛片（筛孔）来实现；因为是粉碎的同一种原料，可使粉碎能力最大化。同时粉碎和混合分开运行。

这种系统的缺点：每种原料的粒度大小分布不同，可能导致最终出现饲料混合不均的风险；含油高的原料，如含油种子难以粉碎的，不可单独进行粉碎，需与其他含油低的原料同时进行粉碎；需要较多的料仓；粉碎的原料保存期短于未粉碎的原料。

（三）原料粉碎的粒度

粉碎的粒度减小有利于制粒加工，保证颗粒饲料的质量。粉碎得更细，粒度变得越小，则在加工时消耗的能源更多。

研究发现，家兔对中性洗涤纤维的消化率与粒度小于 0.315 mm

颗粒所占的比例呈现正相关。但是过分地粉碎会使饲料在肠道停留时间延长，则明显与消化障碍呈正相关，可能诱发腹泻等消化道疾病。由于饲料在盲肠的停留时间增加，会导致兔消化过程产生不良发酵模式。为此，在实践中，应使用筛孔直径为 2.5 ～ 3.5 mm 筛片进行粉碎为宜，因为这能保证颗粒饲料质量和肠道运动之间维持一种良好的平衡。

一般认为，低纤维含量原料（如谷物、豆粕等）的粉碎，宜采用筛孔直径较细的筛片，有利于提高家兔的消化率。粗纤维原料（如苜蓿、花生秧、花生壳等），宜采用筛孔较粗的筛片，有利于肠道的运动。

四、混合

混合是饲料加工的关键性过程。混合是将各种原料（精料、草粉、微量元素、维生素、药物等）混合均匀，确保配合饲料质量的重要环节。

（一）混合设备

目前主流的混合机为多桨叶式混合机，分为单轴和双轴类型。好的混合机应具有充分的混合能力（1：100 000）、低旋转周期（33 r/min）、混合时间短（小于 3 min）、出料彻底，交叉污染小、清理和维护操作方便、能够添加液体等优点。

（二）混合注意事项

1. 混合机的混合容量

卧式搅拌机的饲料最大装入量不高于螺带高度，最小装入量不低于搅拌机主轴以上 10 cm 的高度。

2. 原料的添加顺序、方法

为了保证饲料在搅拌机中均匀搅拌，加入原料的顺序十分重要。原料加入混合机中顺序为：用量大的原料，比重小的先加，

比重大的后加。随后加入微量成分（如添加剂、药物等）、潮湿原料。不同的液体原料（如油脂、甘油、糖蜜、氨基酸、液体调味剂、酶制剂等）添加的位置不同。

（1）脂肪、油。脂肪、油需喷洒到主混合机内。从喷洒开始至少要持续 30 s，同时液体至少需从混合机的三个位置喷入，以确保液体均匀地被添加到混合料中。添加脂肪的比例较高时（2% ~ 3%），可在混合机中添加、制粒机出口处喷涂和颗粒料冷却时添加。

（2）糖蜜。为了增加颗粒饲料制粒和饲料适口性，常常需要添加糖蜜。糖蜜的添加必须采用自动控制，因为这是一个连续的过程。糖蜜的添加一般在主混合机之后的位置添加。

（3）氨基酸。耐高温的液体如氨基酸或胆碱是小剂量添加，必须添加到混合机内。对于胆碱要特别注意，因为其对其他维生素具有破坏作用。

（4）液体调味剂。液体调味剂一般在制粒后添加最为理想，因为这样会保持其芬芳性。

（5）酶制剂。酶制剂有粉状或液体。选择耐高温的酶制剂或经热稳定性处理外，对于液体酶可在颗粒料冷却器的出口处添加。

3. 混合时间

根据不同设备、型号应确认具体的混合时间。一般浆叶轴式混合机混合时间为 3 ~ 4 min；螺条混合机混合时间为 4 ~ 5 min。在规定时间内变异系数小于 5% 的作为优质的混合料。

注意不同批次的饲料如加药、不加药饲料之间的交叉污染。建议大型加工企业建立双生产线，以免造成药物交叉污染。

五、制粒

制粒是经过制粒机将粉料转变为密实的颗粒饲料的过程。其过程是：粉料调制—制粒—冷却。

（一）调制

在调制器内进行，是将输入的蒸汽（或水）与饲料均匀调制，使物料的水分、温度达到制粒的要求。调制后可以增加粉料的可塑性，机器的磨损变小，黏性增加；调制有利于微生物的降低。

一般添加 2% ～ 5% 蒸汽进行调制，调制时间大约 20 s。

（二）制粒

1. 制粒机

制粒机分为环模式制粒机和平模式制粒机。一般采用环模式制粒机，小型饲养户一般使用平模式制粒机。

颗粒饲料机一般为环模式（小型户也有使用平模式制粒机）。一般要求压膜与压辊之间的距离大约 0.2 mm，以使制粒机的产量最大化。

2. 饲料颗粒的大小

试验结果表明，家兔使用 3 ～ 5 mm 直径、长度是粗度的 2 ～ 2.5 倍，即 6 ～ 12.5 mm 的颗粒饲料是适当的。颗粒直径大于 5 mm 的造成浪费。长度过长也会造成浪费。不同年龄和生理阶段的家兔均使用相同直径的颗粒饲料。

建议颗粒机的压膜孔径通常以 3 ～ 4 mm 为宜。

六、冷却

冷却的目的是将颗粒饲料的水分降低到与调制前粉料含水量相同的水平，温度降低不高于室温 5 ～ 8℃。热的颗粒饲料易碎，并且容易变质。冷却器应安装在紧靠制粒机饲料的出口处，以避免颗粒饲料通过管道造成粉料的增多。多数采用逆流式冷却器。

冷却后必须通过分级筛除去细粉。因为颗粒饲料中的细粉对卫生环境有不利影响，同时饲喂时诱发兔消化道和呼吸道的紊乱。

细粉被重新收回到调制器。

第二节　家兔配合饲料质量控制

家兔配合饲料质量好坏关系到养兔经济效益高低，甚至是养兔成败的关键。质量控制就是利用科学的方法对产品实行控制，以预防不合格品的产生，达到质量标准的过程。主要包括以下内容。

一、饲料原料的质量控制

饲料原料质量是家兔配合饲料质量的基础。只有合格的原料，才能够生产出合格的饲料产品。因此，采购、使用饲料原料时要严把质量关，杜绝使用不合格原料。

原料的质量通过感官检验、分析化验等方法进行。

所有原料采购入库前都必须进行感官检验，只有感官检验合格后方可入库使用或进一步分析。一般检验项目有：水分（粗略）、色泽、气味、杂质、霉变、虫蚀、结块和异味等。有经验的人员往往能作出相当准确的判断，要求验收人员责任心强且经验丰富。

有的饲料原料（如饼类等）仅凭感官检验，不能对其营养成分等指标作出判断，必须经实验室分析化验。豆饼的分析指标有：粗蛋白质、生熟度（用脲酶活性表示）；鱼粉的分析指标有：粗蛋白质、盐分等。

对所有饲料原料分析判定是否发霉极为重要，因为家兔对霉菌毒素极为敏感。

二、粉碎过程的质量控制

粉碎机对产品质量的影响非常明显，它直接影响饲料的最终质地（粉料）和外观的形成（颗粒料），所以必须经常检查粉碎机锤片是否磨损，筛网有无漏洞、漏缝、错位等。操作人员应经常观察粉碎机的粉碎能力和粉碎机排出的物料粒度。

三、称量过程的质量控制

称量是配料的关键，是执行配方的首要环节。称量准确与否，对家兔配合饲料的质量起至关重要的作用。

一般养兔场或小型饲料厂采用人工称量配料，然后投入搅拌机，要求操作人员有很强的责任心和质量意识。称量过程中，首先，要求磅秤合格有效，每次使用前对磅秤进行一次校准和保养，每年至少由标准计量部门进行一次检验；其次，每次称量必须把磅秤周围打扫干净，称量后将散落在磅秤或称量器上物料全部倒入搅拌机中，以保证进入搅拌机的原料数量准确；最后，要有正确的称量顺序，称一种，用笔在配方上作一记号。

大型饲料厂一般采用自动称量系统。应经常注意保证称量系统正常运作。

称量微量成分，必须用灵敏度高的秤或天平，其灵敏度至少应达 0.1%。秤的灵敏度、准确度要经常校正。手工配料时，应使用不锈钢料铲，并做到专料专用，以免发生混料，造成相互污染。

四、配料搅拌过程的质量控制

饲料原料只有在搅拌机中均匀混合，饲料中的营养成分才能均匀分布，配方才能完全实行，饲料质量才有保障。如果微量成分如微量元素、维生素、药物等混合不均匀，就会直接影响饲料质量，影响家兔的生产性能，甚至导致兔群发病或中毒。

要注意原料的添加顺序、搅拌时间等。保证搅拌机的正常工作，对搅拌机进行维护和检查。检查搅拌机螺旋或桨叶是否开焊；搅拌机螺旋或桨叶是否磨损；定期清除搅拌机轴和桨叶上的尼龙、绳头等杂物。

五、制粒过程的质量控制

影响颗粒饲料质量的因素较多，应对这些因素进行质量控制。

（1）饲料配方中脂肪、蛋白质、淀粉、粗纤维比例不同，其制粒特性不同。饲料中的脂肪可减少摩擦，有利于制粒，但脂肪含量过高，易使颗粒松散，一般脂肪添加量不宜超过 3%，否则必须在制粒后用喷涂的方法进行添加。蛋白质高的饲料比重大，易成型。这是因为蛋白质在水分作用下变性，受热软化易穿出模孔，成粒后又变硬，对制粒有利。淀粉的比重较大，易成型。因为制粒过程中淀粉部分糊化，冷却后黏结，也有利于制粒。饲料中适量的粗纤维将起牵连作用，有利于制粒。但粗纤维含量过高，则影响制粒效率和颗粒料质量。同一类型的饲料原料，种类不同，制粒效果也不同，如小麦的制粒效果好于玉米。花生粕好于豆粕。

因此，设计饲料配方时在满足家兔营养水平的前提下，要考虑每种原料制粒性，选择适宜的饲料原料。

（2）原料粒度的影响。原料中粉料过粗，会增加压模和压辊的摩擦，从而造成功率上升，产量下降，颗粒料松散粗糙等质量下降。但粉碎过细又会使颗粒变脆。原料粒度中以粗、中、细比例适度最好。

（3）调制时的蒸汽量、时间。适当地增加蒸汽量，使粉料的温度升高，有利于颗粒饲料的质量。但过多的蒸汽量使压辊在压膜上打滑，产量降低。

（4）压辊与压膜之间的间隙大小，大约在 0.2 mm 为宜。

（5）饲料中粘合剂的添加与否。在饲料添加粘合剂可以提高颗粒饲料的质量，如添加木质素磺酸盐、糊精、膨润土或海泡石等粘合剂，颗粒饲料的质量显著提高。

（6）冷却的影响。制粒后如不及时冷却，将会使颗粒破碎和严重粉化，故压粒机中出来的颗粒应迅速冷却或干燥。

218

六、贮藏过程中的质量控制

贮藏是饲料加工的最后一道工序，是饲料质量控制的重要环节。

要贮藏加工好的饲料，必须选择干燥、通风良好、无鼠害的库房放置，建立"先进先出"制度，因为码放在下面和后面的饲料会因存放时间过久而变质。不同生理阶段的饲料要分别堆放，包装袋上要有明显标记，以防发生混料或发错料。饲料水分要求北方地区不高于14%，南方地区不高于12.5%。经常检查库房的顶部和窗户是否有漏雨现象，定期对饲料进行清理，发现变质或过期的饲料应及时处理。

对于小型兔场可采用当天生产、当天使用，以降低饲料在贮藏过程中发生变质的危险。

七、饲喂时的质量检查

饲喂时应对生产的颗粒饲料进行感官检查，对饲料颜色、形状进行检查，必要时用嗅觉对饲料气味进行检查，发现饲料颜色有变化，有结块和发霉味时，要立即停止饲喂，及时与技术人员联系。饲喂前要检查颗粒饲料是否含粉较高，含粉高则要过筛。采用蛟龙式自动饲喂系统的颗粒饲料要求硬度较高。

附表1 家兔常用饲料原料成分和营养价值

（%）

序号	饲料名称	干物质	灰分	粗蛋白质	粗脂肪	粗纤维	中性洗涤纤维	酸性洗涤纤维	酸性洗涤木质素	淀粉	钙	总磷	消化能（MJ/kg）	备注
1	玉米	86.0	1.2	8.5	3.5	1.9	9.5	2.5	0.5	64.0	0.02	0.25	13.10	
2	小麦	88.0	1.6	13.4	1.8	2.2	11.0	3.1	0.9	60.0	0.04	0.35	13.10	
3	大麦（皮）	87.0	2.2	11.0	2.0	4.6	17.5	5.5	0.9	51.0	0.06	0.36	12.90	
4	高粱	87.0	1.8	9.0	3.4	1.4	17.4	8.0	0.8	54.1	0.13	0.36	—	
5	稻谷	87.0	4.6	7.8	1.6	8.2	27.4	28.7	—	—	0.03	0.36	—	
6	碎米	88.0	1.6	10.4	2.2	1.1	0.8	0.6	—	—	0.06	0.35	—	
7	甘薯干	88.0	5.7	2.6	0.7	4.8	12.4	7.7	2.1	60.0	0.3	0.12	12.05	
8	次粉	88.0	3.6	15.8	3.6	7.0	32.6	10.0	2.7	24.0	0.14	1.05	11.20	
9	小麦麸	88.0	5.0	15.0	3.4	9.5	40.5	11.8	3.5	19.0	0.15	1.09	10.30	
10	米糠	90.0	9.0	13.5	15.3	8.1	21.1	10.1	3.6	27.0	0.12	1.6	12.45	
11	大豆	90.0	4.7	35.9	19.3	5.6	11.7	7.3	0.8	—	0.25	0.56	17.35	

续表

序号	饲料名称	干物质	灰分	粗蛋白质	粗脂肪	粗纤维	中性洗涤纤维	酸性洗涤纤维	酸性洗涤木质素	淀粉	钙	总磷	消化能（MJ/kg）	备注
12	大豆粕	90.0	6.8	43.2	1.8	7.7	16.1	10.0	0.8	—	0.29	0.6	13.35	
13	菜籽粕	90.0	6.8	36.1	2.5	12.1	27.7	18.9	8.6	—	0.7	1.0	11.35	
14	向日葵仁粕	90.0	6.8	27.9	2.7	25.2	42.8	30.2	10.1	—	0.35	1.0	9.60	
15	胡麻饼（山西）	91.96	7.56	32.49	15.24	9.77	51.82	37.83	—	—	0.48	1.48	20.48（GE）	*
16	玉米DDGS	90.0	6.0	25.3	9.0	8.1	31.6	8.9	1.2	10.5	0.14	0.73	12.70	
17	动物脂肪	99.5	—	—	99.0	—	—	—	—	—	—	—	33.45	
18	大豆油	99.5	—	—	99.0	—	—	—	—	—	—	—	35.55	
19	苜蓿草粉（CP19%）	90.0	9.9	18.0	3.6	21.6	34.6	27.0	6.0	—	1.6	0.27	8.3	
20	苜蓿草粉（CP17%）	90.0	9.9	15.3	3.2	26.1	41.8	32.6	7.3	—	1.5	0.26	7.4	
21	苜蓿草粉（CP14%～15%）	90.0	9.0	12.6	2.3	29.7	47.5	37.1	8.3	—	1.4	0.26	6.75	
22	甜菜渣	90.0	7.2	9.0	1.0	18.0	42.8	21.2	1.8	—	0.76	0.1	10.4	
23	稻草	90.0	16.2	6.0	0.5	29.5	58.5	34.0	2.2	—	—	—	2.5	

续表

序号	饲料名称	干物质	灰分	粗蛋白质	粗脂肪	粗纤维	中性洗涤纤维	酸性洗涤纤维	酸性洗涤木质素	淀粉	钙	总磷	消化能（MJ/kg）	备注
24	大豆壳	90.0	4.6	12.2	2.0	35.5	58.8	42.6	2.1	—	0.5	0.16	7.2	
25	向日葵壳	90.0	3.4	5.4	4.0	46.8	69.3	56.2	20.2	—	0.4	0.2	4.3	
26	小麦秸	90.0	6.1	3.6	1.2	39.5	75.0	47.4	8.0	0.5	0.38	0.08	2.7	
27	全株玉米（脱水）	90.0	3.6	7.2	2.5	12.6	36.0	15.3	1.0	33.0	0.3	0.28	8.52	
28	花生秧	89.4	11.0	10.5	2.1	24.0	51.3	36.9	9.8	—	1.34	0.19	8.81	
29	谷草（山西）	90.02	8.55	3.96	1.30	39.79	76.18	48.85	5.30	—	0.74	0.06	—	*
30	花生壳（山西）	90.53	7.94	6.06	0.65	61.82	86.07	73.79	8.42	—	0.97	0.07	—	*
31	豆秸秆（山西）	89.00	4.91	4.24	0.89	46.81	76.93	57.31	6.51	—	0.60	0.07	—	*
32	玉米秸秆（自然干燥）	90.97	6.75	4.20	0.95	35.80	78.41	47.48	4.09	—	0.79	0.07	—	*
33	陈醋糟（山西）	93.75	8.54	7.72	5.39	36.11	79.66	61.50	3.09	—	0.00	0.02	—	*

注：1.除备注标有 * 的数据来源于任克良等提供外，其余数据来源于中国饲料数据库情报网中心发布的《中国饲料成分及营养价值表》、《中国饲料学》（张子仪主编，2000）、《Nutrition of the Rabbit》（Ed. C. de Blas and J. Wiseman, 2nd Ed., 2010）、《饲料成分与营养价值表》（谯仕彦等主译，2005）。

2. "—"表示数据不详，含量无或含量极少而不予考虑。

附表 II　常用矿物质饲料添加剂中的元素含量

（%）

饲料名称	化学式	元素含量
钙		
碳酸钙	$CaCO_3$	Ca：40
石灰石粉	$CaCO_3$	Ca：33～39
贝壳粉		Ca：36
蛋壳粉		Ca：34
硫酸钙	$CaSO_4 \cdot 2H_2O$	Ca：23.3
葡萄糖酸钙	$Ca(C_6H_{11}O_7)_2 \cdot H_2O$	Ca：8.5
乳酸钙	$CaC_6H_{10}O_6$	Ca：13～18
云解石	$CaCO_3$	Ca：33
白垩石	$CaCO_3$	Ca：33
磷		
磷酸二氢钠	NaH_2PO_4	P：25.8
磷酸氢二钠	Na_2HPO_4	P：21.81
磷酸二氢钾	KH_2PO_4	P：28.5
钙、磷		
磷酸氢钙	$CaHPO_4 \cdot 2H_2O$	Ca：23.2 P：18
磷酸一钙	$CaH_4(PO_4)_2 \cdot H_2O$	Ca：15.9 P：24.6
磷酸三钙	$Ca_3(PO_4)_2$	Ca：38.7 P：20
蒸骨粉		Ca：24～30 P：10～15
铁		
硫酸亚铁（7个结晶水）	$FeSO_4 \cdot 7H_2O$	Fe：20.1
硫酸亚铁（1个结晶水）	$FeSO_4 \cdot H_2O$	Fe：32.9

饲料名称	化学式	元素含量
碳酸亚铁（1 个结晶水）	$FeCO_3 \cdot H_2O$	Fe：41.7
碳酸亚铁	$FeCO_3$	Fe：48.2
氯化亚铁（4 个结晶水）	$FeCl_2 \cdot 4H_2O$	Fe：28.1
氯化铁（6 个结晶水）	$FeCl_3 \cdot 6H_2O$	Fe：20.7
氯化铁	$FeCl_3$	Fe：34.4
柠檬酸铁	$Fe（NH_3）C_6H_8O_7$	Fe：21.1
葡萄糖酸铁	$C_{12}H_{22}FeO_{14}$	Fe：12.5
磷酸铁	$FePO_4$	Fe：37.0
焦磷酸铁	$Fe_4（P_2O_7）_3$	Fe：30.0
硫酸亚铁	$FeSO_4$	Fe：36.7
醋酸亚铁（4 个结晶水）	$Fe（C_2H_3O_2）_2 \cdot 4H_2O$	Fe：22.7
氧化铁	Fe_2O_3	Fe：69.9
氧化亚铁	FeO	Fe：77.8
铜		
硫酸铜	$CuSO_4$	Cu：39.8
硫酸铜（5 个结晶水）	$CuSO_4 \cdot 5H_2O$	Cu：25.5
碳酸铜（碱式，1 个结晶水）	$CuCO_3 \cdot Cu（OH）_2 \cdot H_2O$	Cu：53.2
碳酸铜（碱式）	$CuCO_3 \cdot Cu（OH）_2$	Cu：57.5
氢氧化铜	$Cu（OH）_2$	Cu：65.2
氯化铜（绿色）	$CuCl_2 \cdot 2H_2O$	Cu：37.3
氯化铜（白色）	$CuCl_2$	Cu：64.2
氯化亚铜	$CuCl$	Cu：64.1
葡萄糖酸铜	$C_{12}H_{22}CuO_4$	Cu：1.4
正磷酸铜	$Cu_3（PO_4）_2$	Cu：50.1
氧化铜	CuO	Cu：79.9

饲料名称	化学式	元素含量
碘化亚铜	CuI	Cu：33.4
锌		
碳酸锌	$ZnCO_3$	Zn：52.1
硫酸锌（7 个结晶水）	$ZnSO_4 \cdot 7H_2O$	Zn：22.7
氧化锌	ZnO	Zn：80.3
氯化锌	$ZnCl_2$	Zn：48.1
醋酸锌	$Zn（C_2H_3O_2）_2$	Zn：36.1
硫酸锌（1 个结晶水）	$ZnSO_4 \cdot H_2O$	Zn：36.4
硫酸锌	$ZnSO_4$	Zn：40.5
锰		
硫酸锰（5 个结晶水）	$MnSO_4 \cdot 5H_2O$	Mn：22.8
硫酸锰	$MnSO_4$	Mn：36.4
碳酸锰	$MnCO_3$	Mn：47.8
氧化锰	MnO	Mn：77.4
二氧化锰	MnO_2	Mn：63.2
氯化锰（4 个结晶水）	$MnCl_2 \cdot 4H_2O$	Mn：27.8
氯化锰	$MnCl_2$	Mn：43.6
醋酸锰	$Mn（C_2H_3O_2）_2$	Mn：31.8
柠檬酸锰	$Mn_3（C_6H_5O_7）_2$	Mn：30.4
葡萄糖酸锰	$C_{12}H_{22}MnO_{14}$	Mn：12.3
正磷酸锰	$Mn_3（PO_4）_2$	Mn：46.4
磷酸锰	$MnHPO_4$	Mn：36.4
硫酸锰（1 个结晶水）	$MnSO_4 \cdot H_2O$	Mn：32.5
硫酸锰（4 个结晶水）	$MnSO_4 \cdot 4H_2O$	Mn：21.6
硒		

饲料名称	化学式	元素含量
亚硒酸钠（5个结晶水）	$Na_2SeO_3 \cdot 5H_2O$	Se：30.0
硒酸钠（10个结晶水）	$Na_2SeO_4 \cdot 10H_2O$	Se：21.4
硒酸钠	Na_2SeO_4	Se：41.8
亚硒酸钠	Na_2SeO_3	Se：45.7
碘		
碘化钾	KI	I：76.5
碘化钠	NaI	I：84.7
碘酸钾	KIO_3	I：59.3
碘酸钠	$NaIO_3$	I：64.1
碘化亚铜	CuI	I：66.7
碘酸钙	$Ca（IO_3）_2$	I：65.1
高碘酸钙	$Ca（IO_4）_2$	I：60.1
二碘水杨酸	$C_7H_4I_2O_3$	I：65.1
百里碘酚	$C_{20}H_{24}I_2O_2$	I：46.1
钴		
醋酸钴	$Co（C_2H_3O_2）_2$	Co：33.3
碳酸钴	$CoCO_3$	Co：49.6
氯化钴	$CoCl_2$	Co：45.3
氯化钴（5个结晶水）	$CoCl_2 \cdot 5H_2O$	Co：26.8
硫酸钴	$CoSO_4$	Co：38.0
氧化钴	CoO	Co：78.7
硫酸钴（7个结晶水）	$CoSO_4.7H_2O$	Co：21.0

附表 Ⅲ　筛号与筛孔直径对照表

筛号 （目）	孔径 （mm）	网线直径 （mm）	筛号 （目）	孔径 （mm）	网线直径 （mm）
3.5	5.66	1.448	35	0.50	0.290
4	4.76	1.270	40	0.42	0.249
5	4.00	1.117	45	0.35	0.221
6	3.36	1.016	50	0.297	0.188
8	2.38	0.841	60	0.250	0.163
10	2.00	0.759	70	0.210	0.140
12	1.68	0.691	80	0.171	0.119
14	1.41	0.610	100	0.149	0.102
16	1.19	0.541	120	0.125	0.086
18	1.10	0.480	140	0.105	0.074
20	0.84	0.419	170	0.088	0.063
25	0.71	0.371	200	0.074	0.053
30	0.59	0.330	230	0.062	0.046

参考文献

程景，张元庆，张丹丹，等，2021. 全株玉米青贮、小麦秸秆、苜蓿干草组合的体外消化特性及组合效应研究［J］. 动物营养学报，33（5）：2982-2992.

谷子林，秦应和，任克良，2013. 中国养兔学［M］. 北京：中国农业出版社.

李博，张丹丹，程景，等，2020. 不同方法测定饲料中的中性洗涤纤维与酸性洗涤纤维含量分析［J］. 中国畜牧杂志，56（12）：187-190.

李福昌，2016. 兔生产学［M］.2 版. 北京：中国农业出版社.

任克良，2010. 家兔配合饲料生产技术［M］.2 版. 北京：金盾出版社.

任克良，秦应和，2018. 高效健康养兔全程实操图解［M］. 北京：中国农业出版社.

王成章，王恬，2014. 饲料学［M］.2 版. 北京：中国农业出版社.

王永康，2019. 规模化肉兔养殖场生产经营全场关键技术［M］. 北京：中国农业出版社.

张丹丹，张元庆，梁圆，等，2022. 基于主成分分析的精料、构树和全株玉米青贮的组合效应评价［J］. 草地学报，30（7）：1909-1917.

张元庆译，2008. 家兔营养 – 饲料成分利用的思考［REFLECTIONS ON RABBIT NUTRITION WITH A SPECIAL EMPHASIS ON FEED INGREDIENTS UTILIZATION（F.Labes）］［R］. 第九届世界养兔大会论文.

周安国，陈代文，2013. 动物营养学［M］.3 版. 北京：中国农业出版社.

Carlos de Blas，Julianwiseman. 唐良美主译，2015. 家兔营养［M］.2 版. 北京：中国农业出版社.